María Antonia Meroño Saura
Victoria Muñoz
Inmaculada Saura Fuentes

Uso del arándano rojo americano en infecciones del tracto urinario

María Antonia Meroño Saura
Victoria Muñoz
Inmaculada Saura Fuentes

Uso del arándano rojo americano en infecciones del tracto urinario

Vaccinium Macrocarpon

PUBLICIA

Imprint
Any brand names and product names mentioned in this book are subject to trademark, brand or patent protection and are trademarks or registered trademarks of their respective holders. The use of brand names, product names, common names, trade names, product descriptions etc. even without a particular marking in this work is in no way to be construed to mean that such names may be regarded as unrestricted in respect of trademark and brand protection legislation and could thus be used by anyone.

Cover image: www.ingimage.com

Publisher:
PUBLICIA
is a trademark of
International Book Market Service Ltd., member of OmniScriptum Publishing Group
17 Meldrum Street, Beau Bassin 71504, Mauritius

Printed at: see last page
ISBN: 978-620-2-43150-7

ÍNDICE

ABREVIATURAS

BL-DMAC: 4-dimetilaminocinamaldehido.

GBS: *Streptococcus* del grupo B.

ITU: Infección del tracto urinario.

MHRA: Resistencia a la hemaglutinación de manosa.

PAC: Proantocianidinas.

PCUTIs: Infecciones del tracto urinario post-coitales.

rITUs: Infecciones del tracto urinario recurrentes.

UFC: Unidades formadoras de colonias.

RESUMEN

La infección del tracto urinario (ITU) consiste en la colonización y multiplicación microbiana a lo largo del trayecto del tracto urinario. Es una patología muy común, una de cada dos mujeres experimentará al menos una ITU en su vida. La capacidad de colonizar el tracto urinario viene determinada por la presencia de ciertos factores de adhesión. Actualmente, la terapia con antibióticos es el tratamiento de elección para las infecciones del tracto urinario. Aunque esta terapia ha sido históricamente muy exitosa en la lucha contra la ITU complicada y no complicada, muchas personas padecen cistitis recurrente crónica, que requiere profilaxis antibiótica a largo plazo. Los arándanos, (especialmente en forma de zumo), se han considerado como un remedio casero eficaz para la prevención y el tratamiento de las infecciones urinarias durante muchas décadas por sus propiedades antioxidantes y antiadherentes microbianas. El objetivo del presente trabajo es conocer los usos terapéuticos del arándano rojo americano en la prevención y tratamiento infecciones del tracto urinario. Se trata de una revisión de literatura científica sobre los usos terapéuticos del arándano rojo americano en las infecciones del trato urinario en diferentes grupos de población. Los descriptores utilizados (tanto en inglés como en español) fueron: cranberry, *Vaccinium Macrocarpon*, infection y urinary tract. Se incluyeron 9 artículos en diferentes grupos de población como profilaxis y tratamiento de las infecciones del tracto urinario. Tras la extracción de datos se observó una involución de las recurrencias de infección del tracto urinario y una disminución de los síntomas. Aun así se concluyó que son necesarios ensayos mejor diseñados para poder estimar el verdadero poder del arándano rojo americano sobre esta patología.

Palabras clave: Arándano, profilaxis, infección, tracto urinario, recurrencia.

ABSTRACT

Urinary tract infection (UTI) consists of colonization and microbial multiplication along the path of the urinary tract. It is a very common pathology, one in two women will experience at least one UTI in their life. The ability to colonize the urinary tract is determined by the presence of certain adherence factors. Currently, antibiotic therapy is the treatment of choice for urinary tract infections. Although this therapy has historically been successful in the fight against complicated and uncomplicated UTI, many people suffer from chronic recurrent cystitis, which requires long-term antibiotic prophylaxis. Cranberries, specially cranberry juice, have been considered as an effective remedy for the prevention and treatment of urinary tract infections for many decades before their antimicrobial and non-stick microbial properties. The objective of this work is to know the therapeutic uses of the American cranberry in the prevention and treatment of the urinary tract infections. This is a review of scientific literature on the therapeutic uses of the American cranberry in urinary tract infections in different groups. The descriptors used were: cranberry, Vaccinium Macrocarpon, infection and urinary tract. We included 9 articles in different groups as prophylaxis and treatment of urinary tract infections. After the extraction of data, we find a reduction of the recurrences of urinary tract infection and a decrease in symptoms. Even so, there are necessary more studies and trials for asses the power of the American cranberry on this pathology.

Keywords: Cranberry, prophylaxis, infection, urinary tract, recurrence.

INTRODUCCIÓN

INFECCIONES DEL TRACTO URINARIO

La infección del tracto urinario (ITU) consiste en la colonización y multiplicación microbiana, habitualmente bacteriana, a lo largo del trayecto del tracto urinario.[1]

EPIDEMIOLOGÍA

Las ITUs siguen en frecuencia a las infecciones del aparato respiratorio y son las infecciones nosocomiales más frecuentes en España[1]. Además, afectan a 150 millones de personas cada año en todo el mundo. En 2007, solo en los Estados Unidos, se estimó una cifra aproximada de 10,5 millones de visitas al consultorio por síntomas de ITU (que constituyen el 0,9% de todas las visitas ambulatorias) y 2-3 millones de visitas a urgencias. Asimismo, una de cada dos mujeres experimentará al menos una ITU en su vida, lo que se relaciona con la actividad sexual, los embarazos y la edad, y casi una de cada tres mujeres habrá recibido tratamiento con antibióticos antes de los 24 años. En el varón las ITU tienen dos picos de incidencia, durante el primer año de vida y en mayores de 50 años, en relación con la presencia de patología prostática o manipulaciones urológicas.[1,2,3]

Las infecciones del tracto urinario son causadas por una amplia gama de patógenos, incluidas bacterias gramnegativas y grampositivas, así como hongos. Clínicamente, las ITU se clasifican en simples o complicadas. Las infecciones urinarias no complicadas generalmente afectan a las personas sanas y que no tienen anomalías estructurales o neurológicas del tracto urinario; estas infecciones se diferencian en infecciones urinarias del tracto inferior (cistitis) e infecciones urinarias del tracto superior (pielonefritis). Las ITU complicadas se definen como infecciones asociadas a factores que comprometen el tracto urinario o el huésped, incluida obstrucción urinaria, retención urinaria causada por enfermedad neurológica, inmunosupresión, insuficiencia renal, trasplante renal, embarazo y la presencia de cuerpos extraños como cálculos, catéteres permanentes u otros dispositivos de drenaje. En la Figura 1 se muestran los principales agentes causales de cada tipo de ITU. Como se puede observar, el agente más común para las ITU complicadas y no complicadas es la *Escherichia coli* uropatógena. Para las ITU no complicadas, otros agentes causales son, en orden de prevalencia, *Klebsiella pneumoniae*, *Staphylococcus saprophyticus*, *Enterococcus faecalis*, *Streptococcus* del grupo B (GBS), *Proteus mirabilis*, *Pseudomonas aeruginosa*, *Staphylococcus aureus* y *Candida spp*. Para las ITU complicadas, los otros agentes causantes son, en orden de prevalencia, *Enterococcus* spp., *K. pneumoniae*, *Candida spp*., *S. aureus*, *P. mirabilis*, *P. aeruginosa* y GBS.

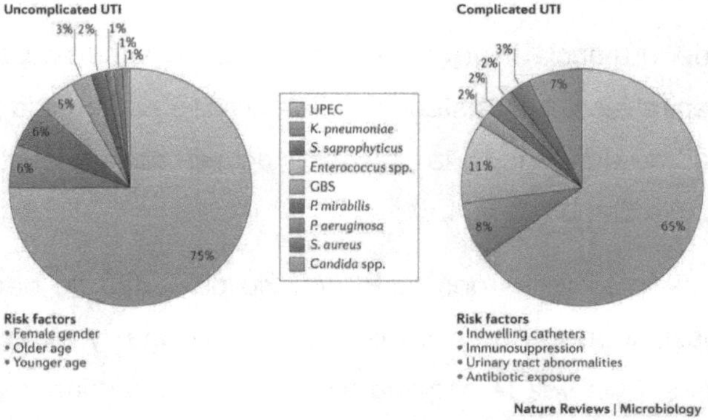

Figura 1. Epidemiología de las infecciones del tracto urinario (From: Flores-Mireles et al, 2015)[2]

Las ITUs agudas son autolimitantes y desaparecen en unos pocos días. Sin embargo, es muy frecuente que se den recurrencias, definiendo recurrencia como la aparición de dos o más infecciones en 6 meses o al menos tres en un año, causadas por el mismo patógeno, indicando la persistencia de este en el organismo.[4] En particular, las mujeres sexualmente activas, los ancianos y los niños prepúberes son altamente susceptibles a ITUs crónicamente recurrentes, lo que resulta en un mayor uso de antibióticos y un efecto negativo en la calidad de vida. Aproximadamente del 20 al 30% de las mujeres adultas con una ITU inicial experimentarán una recurrencia en los 3-4 meses siguientes. En los niños, aproximadamente uno de cada tres que experimenta una ITU antes de la edad de un año experimentará una recurrencia en los tres años, y el 18% tendrá una recurrencia en unos pocos meses.[3,4]

PATOGÉNESIS

Las propiedades de adhesión de ciertas bacterias a las células del epitelio de transición del huésped van a determinar la capacidad de colonizar e infectar el tracto urinario normal. Por eso, solo unos pocos serogrupos de *E. coli* (01, 02, 04, 06, 07, 075 y 015) son los causantes de la mayor parte de las infecciones del tracto urinario.

Estos factores de virulencia incluyen la capacidad de adherencia a células vaginales y uroepiteliales, la resistencia a la actividad bactericida del suero, la mayor cantidad de antígeno K, la presencia de aerobactina que secuestra hierro y la presencia de hemólisis.[6]

La mayoría de las infecciones del tracto urinario proceden de bacterias del intestino, que ascienden a través de la uretra, la vejiga, y algunas veces, incluso los riñones. Una vez la bacteria alcanza el tracto urinario puede ser expulsada por el vaciado de la orina o adherirse al uroepitelio. Es en ese momento cuando los factores de virulencia como las diferentes clases de fimbrias pueden ayudar a favorecer que se presente la infección. El microambiente del tracto urinario, como las anormalidades anatómicas del mismo, el estado del uroepitelio y el flujo urinario adecuado, son la clave para el desarrollo o no de una infección urinaria, por tanto, la severidad se relaciona con la virulencia de la bacteria, la capacidad de adherencia al epitelio de la vía urinaria, la presencia de fimbrias en la superficie de la bacteria y la susceptibilidad del huésped.

El primer paso es la colonización de la uretra y la vejiga. En este paso, la flora vaginal juega un papel importante en la prevención de las infecciones. La flora, dominada por lactobacilos en mujeres premenopáusicas impide la colonización de uropatógenos debido a la exclusión competitiva y el mantenimiento de un pH vaginal bajo. Los principales mecanismos de defensa del anfitrión contra la colonización de la vejiga son la dilución y la micción. Las anomalías anatómicas o funcionales que impiden el vaciado completo de la vejiga aumentan la probabilidad de colonización con uropatógeno.

Tras la colonización, el proceso continua con la fijación bacteriana, tras esta, los uropatógenos están protegidos contra la eliminación por la micción. La adhesión de *E. coli* a los receptores de células uroepiteliales del huésped se logra mediante organelas similares a los cabellos llamados fimbrias. Los más importantes son las fimbrias tipo 1 y las fimbrias P. Las fimbrias tipo 1 juegan principalmente un papel en la patogénesis de la cistitis y las fimbrias P en la pielonefritis. Finalmente, se logra la invasión de las células epiteliales de la vejiga; los polisacáridos bacterianos activan los receptores del uroepitelio (Toll like receptors) que reconocen estos antígenos bacterianos, activan el sistema inmune local e inician una respuesta que involucra el factor nuclear kB y la producción de citoquinas y quemoquinas. En particular los niveles de interleuquina-6 (IL-6) y el factor de necrosis tumoral alfa se correlacionan con el grado de inflamación. Así, altos niveles de citoquinas cursan con mayor respuesta inflamatoria. Estas son producidas por células epiteliales de la vejiga, uréter, uretra y riñón, así como por los neutrófilos polimorfonucleares (PMNs) y macrófagos.[7,8]

SINTOMATOLOGÍA

Las ITU se pueden clasificar como sintomáticas o asintomáticas basándose en la presencia o ausencia de síntomas.

En el caso de la cistitis, también conocida como infección del tracto urinario inferior, infección de la vejiga o que afecta a la vejiga, los síntomas más frecuentes son: presión y dolor en la pelvis, disuria, poliuria, urgencia urinaria, nocturia y hematuria.

En cuanto a los síntomas de la pielonefritis, también conocida como infección del tracto urinario superior, afecta al riñón. También se le llama pielitis. En casos graves, provoca la acumulación de pus alrededor del riñón y se conoce como pionefrosis. Los síntomas típicos son fiebre, dolor abdominal junto a los síntomas citados anteriormente en la infección del tracto urinario inferior.

En niños la fiebre es el único síntoma de la infección, y estos síntomas son difíciles de detectar en gente joven, por lo que siempre es recomendable realizar un análisis de una muestra de orina.[9]

La prostatitis es otra infección de las vías urinarias bajas, presente en varones, que, como su nombre indica afecta a la próstata, que se caracteriza por la aparición de dolor perineal o lumbar, asociado a disuria y fiebre. Algunos pacientes refieren dolor a la eyaculación.

DIAGNÓSTICO

Cuando se sospecha de una ITU, se debe realizar una prueba con tiras reactivas y un examen microscópico de la orina junto a un cultivo urinario para confirmar la infección. El cultivo urinario semicuantitativo y la identificación de las manifestaciones clínicas siguen considerándose el "gold estándar" para el diagnóstico de ITU. Sin embargo, estos métodos son propensos a falsos negativos o falsos positivos, además consumen mucho tiempo y son costosos. Además el contaje de bacterias en orina con el microscopio es un método poco fiable.[10,11]

En el diagnóstico según tipo de ITU;

- La bacteriuria asintomática se define como un nivel significativo de bacterias en la orina en ausencia de síntomas o signos de infección. Definiendo un nivel significativo como un recuento de bacterias de 10^5 especies de bacterias idénticas por 1 mL de orina de captura limpia en dos cultivos. Para los hombres, un recuento bacteriano de 10^5 por 1 mL de orina limpia de la parte media de la orina en un solo cultivo puede ser significativo. Para muestras de orina de catéteres tomadas de hombres y mujeres, un conteo bacteriano de 10^2 por mL de orina puede ser significativo.

- La cistitis aguda puede diagnosticarse por la presencia de síntomas clínicos y piuria. El historial médico es crucial en el diagnóstico de cistitis no complicada. En ausencia de secreciones o dolores vaginales, el valor predictivo positivo del cribado de la cistitis aguda es del 90% en presencia de poliuria, disuria y urgencia urinaria recientemente desarrolladas. La cistitis aguda puede ir acompañada de hematuria e incontinencia urinaria. Los síntomas clínicos de la cistitis aguda a menudo no se presentan en adultos mayores con deterioro cognitivo o pueden presentarse como síntomas sistémicos tales como dolor abdominal bajo; por lo tanto, el cribado de la cistitis aguda debe realizarse con cuidado. En cuanto al diagnóstico de laboratorio, la piuria se define como un recuento de glóbulos blancos de 10 o más en un análisis de gran aumento de orina no centrifugada. La prueba con tiras reactivas de orina o el análisis microscópico pueden usarse para evaluar la piuria y la bacteriuria. Se realiza un cultivo de orina para detectar la bacteriuria y se realiza una prueba de sensibilidad a los antibióticos utilizando los patógenos cultivados. Para las mujeres que muestran síntomas de piuria, un recuento de colonias de 10^3 unidades formadoras de colonias/ mL en la orina tiene una importancia diagnóstica. Sin embargo, las mujeres que muestran síntomas típicos pueden ser inmediatamente diagnosticadas y tratadas, sin necesidad de diagnóstico de laboratorio.

- La pielonefritis aguda se caracteriza por los síntomas de las ITUs superiores junto a piuria (un recuento de glóbulos blancos de 10 o más en un análisis de gran aumento). La tinción de Gram y un cultivo deben realizarse si se sospecha que un paciente tiene pielonefritis aguda. Aunque no es necesario un hemocultivo, es útil. Un cultivo de orina positivo se define como un recuento bacteriano en orina limpia correctamente recogida superior a 10^5 unidades formadoras de colonias (UFC)/mL. Sin embargo, este estándar da como resultado alta especificidad y baja sensibilidad. Por lo tanto, los informes del estudio de "ausencia de crecimiento" en las mujeres que presentan síntomas de ITU deben interpretarse con cuidado. Aproximadamente el 80% de los pacientes con pielonefritis aguda acompañada de bacteriemia muestran más de 10^5 UFC/mL, y un 10-15% muestran 10^4-10^5 UFC/mL en la orina. Usar un corte de 10^4 UFC/mL como criterio diagnóstico da una sensibilidad del 90-95%.

  En general, la pielonefritis aguda se diagnostica según los síntomas clínicos y los resultados de la prueba de orina, y no requiere imágenes médicas a menos que sea una infección urinaria complicada. Sin embargo, si un paciente no muestra ninguna respuesta a la administración de antibióticos incluso después de 72 horas, se deben realizar pruebas de imágenes médicas, siendo la tomografía computarizada la más útil.[12]

Estudios recientes han mostrado que la citometría de flujo es un método valioso para analizar muestras de orina para descartar ITU de forma efectiva y puede contribuir a la reducción de cultivos de orina innecesarios, además de mejorar la sensibilidad y especifidad de los mismos. Este método cuantifica rápidamente las partículas de orina, incluidos los glóbulos blancos, las bacterias, los glóbulos rojos y los moldes por dispersión y fluorescencia (después de la tinción). Este instrumento tiene un canal de medición separado para bacterias que mejora la especificidad para contar organismos bacterianos frente a otros métodos.[11]

TRATAMIENTO

Actualmente, la terapia con antibióticos, como trimetoprimaa-sulfametoxazol, ciprofloxacino o ampicilina es el tratamiento de elección para las infecciones del tracto urinario.[2] La selección del antibiótico suele ser empírica hasta que se tenga el cultivo y el perfil de resistencias del organismo. El antibiótico seleccionado, la dosis y la duración de la terapia dependen de varios factores, como el tipo de microorganismo y su sensibilidad, la velocidad de eliminación del fármaco y su concentración en el lugar de acción, por ejemplo, en este caso interesan fármacos que lleguen al riñón, su capacidad de erradicar o no a las bacterias acantonadas en vagina, y por último su perfil de seguridad y coste. En la figura 2 se muestran los principales antibióticos en el tratamiento de las ITUs según los criterios anteriores.

Aunque esta terapia ha sido históricamente muy exitosa en la lucha contra la ITU complicada y no complicada, muchas personas padecen cistitis recurrente crónica, que requiere profilaxis antibiótica a largo plazo, esta, usada a dosis bajas podría inhibir eficazmente la aparición de bacterias intravesicales durante el período de tratamiento, pero es probable que las infecciones vuelvan a ocurrir cuando finaliza el tratamiento profiláctico.

Además, este uso generalizado de antibióticos ha llevado a acelerar la resistencia a los mismos y la aparición y propagación de uropatógenos multirresistentes (MDR). [3,4]

• Cistitis aguda no complicada	Análisis de orina con piuria y hematuria	*Escherichia coli* *Staphylococcus saprophyticus* *Proteus mirabilis* *Klebsiella pneumoniae* *Otros*	Nitrofurantoina Cefalosporinas de 1ª generación TMP-SMX DS Ciprofloxacina Norfloxacina Amoxicilina/ácido clavulánico	Tres días de terapia Quinolonas pueden ser usadas en áreas donde hay resistencia o en pacientes que no toleran el TMP-SMX
• Cistitis recurrente en mujer joven	Presencia de síntomas y urocultivo: > 100 UFC/ mL	*Escherichia coli* *Staphylococcus saprophyticus* *Proteus mirabilis* *Klebsiella pneumoniae* *Otros*	Ciprofloxacina Norfloxacina	Repetir la terapia, por 7 a 10 días, basada en el resultado del cultivo. Usar profilaxis.
• Cistitis aguda en hombre joven	Urocultivo con un conteo de 1 000 a 10 000 UFC/mL	*Escherichia coli* *Staphylococcus saprophyticus* *Proteus mirabilis* *Klebsiella pneumoniae* *Otros*	Nitrofurantoína Cefalexina Cefadroxilo TMP-SMX DS Ciprofloxacina Norfloxacina	Terapia por 7 a 10 días
• Pielonefritis aguda no complicada	Urocultivo con un conteo de 100 000 UFC/mL	*Escherichia coli* *Staphylococcus saprophyticus* *Proteus mirabilis* *Klebsiella pneumoniae* *Otros*	Para gramnegativo: fluoroquinolona Para grampositiva: amoxicilina Si la vía parenteral es necesaria: cefalosporina o fluoroquinolona Gentamicina, amikacina En caso de *Enterococcus* sp: amoxicilina con o sin gentamicina. Si es resistente usar linezolid	Iniciar con EV, luego pasar a vía oral Terapia de 14 días a 1 mes.
• ITU complicada	Urocultivo: > 10 000 UFC/m	*E. coli* *K. pneumoniae* *P. mirabilis* *Enterococcus sp.* *Pseudomonas aeruginosa* *Otros*	Para gramnegativo: fluoroquinolona Si la vía parenteral es necesaria: cefalosporinas antipesudomonas y/o una fluoroquinolona y/o gentamicina, amikacina En caso de *Enterococcus* sp: amoxicilina con o sin gentamicina. Si es resistente usar linezolid	Terapia por 10 a 14 días
• Bacteriuria asintomática en el embarazo	Urocultivo: > 10 000 UFC/mL	*Escherichia coli* *Staphylococcus saprophyticus* *Proteus mirabilis* *Klebsiella pneumoniae* *Otros*	Amoxicilina Nitrofurantoína Cefalexina Aztreonam Evitar tetraciclinas y fluoroquinolonas	Terapia por 3 a 7 días
• ITU asociada a catéter	Síntomas y urocultivo > 100 UFC/mL	Depende del tiempo de cateterización	Para gramnegativo: fluoroquinolona Para grampositiva: usar amoxicilina más gentamicina	Si es posible, remover el catéter o cambiarlo. Tratar por 10 días. En uso de catéter de larga data y síntomas, tratar por 5 a 7 días

Figura 2. Principales antibióticos en el tratamiento de las ITUs (From: Echevarria – Zarate et al, 2006)[5]

En resumen, la infección del tracto urinario es una causa importante de morbilidad en las mujeres a lo largo de su vida, en niños pequeños y en hombres mayores. Las secuelas graves incluyen recurrencias frecuentes, pielonefritis con sepsis, daño renal en niños pequeños, nacimiento prematuro y complicaciones del uso frecuente de antimicrobianos, incluida la resistencia a antibióticos de alto nivel y la colitis por *Clostridium difficile*. Las altas tasas de recurrencia y el aumento de la resistencia a los antimicrobianos entre los patógenos urinarios amenazan con aumentar en gran medida la carga económica de esta infección común. Cada vez es más evidente que el uso profiláctico de antibióticos para prevenir la ITU no es una solución sostenible. La alta incidencia y tasa de recurrencia de ITU, junto con el rápido aumento de MDR uropatógenos hacen necesaria la búsqueda de tratamientos alternativos.[3]

Debido a todo lo anterior se han evaluado diversas terapias alternativas en gran cantidad de estudios. El tratamiento natural y preventivo más analizado para la ITU es el arándano americano, del que hablaremos más adelante. Otros productos naturales que se han sugerido, para los cuales existe solo evidencia científica limitada, incluyen ajo para personas en las que la ITU no es causada por *E. coli*, una preparación que contiene rábano picante y capuchina, vinagre de arroz, y Salvia Plebeia, que es un remedio popular chino para la infección urinaria.[13]

Otra de las alternativas estudiadas es el uso de *Lactobacillus spp.* El mecanismo por el que puede ser efectivo es la convivencia en el intestino y en las vías urinarias entre los dos microrganismos. *E. coli* causante de las infecciones del tracto urinario puede habitar en el intestino y las cavidades vaginales, alrededor de la abertura de la uretra y en el tracto urinario. Por lo tanto, la inhibición de la colonización de estas áreas por *E. coli* puede disminuir el riesgo de ITU. Las especies de Lactobacillus también viven en el intestino, la vagina y el periurethrum; algunos Lactobacillus producen peróxido de hidrógeno y modulan el pH local. Otros pueden modular la respuesta inmune del huésped, limitar la adhesión de *E. coli* al tejido o interrumpir la formación del biofilm de *E. coli*. Estas características, y quizás otras que reflejan su papel en la estructura de la comunidad microbiana, ayudan a la vagina y el periuretrum a resistir la invasión de patógenos como

E. coli . En el intestino, Lactobacillus puede limitar la colonización por uropatógenos.[13]

Los estudios de Fraile et al[14]. y Servi et al[15]. También mostraron un efecto in vitro del xyloglucano en la prevención de las infecciones del tracto urinario, al crear una barrera protectora en las células epiteliales intestinales que reduce la sedimentación y fijación de *E. coli.*

El uso de terapias biológicas también se está planteando en la actualidad, basado en que las bacterias pueden ser invadidas y destruidas por virus, o en otros casos pueden ver su virulencia disminuida. Un grupo portugués está desarrollando un bacteriófago como un tratamiento de las ITU, basándose que los patógenos urinarios que se adhieren al tejido podrían eliminarse infectando deliberadamente un bacteriófago (un virus). Además, se ha estudiado la aplicación de vacunas basadas en extractos bacterianos, pero con poca evidencia clínica, ya que los estudios realizados no tenían un diseño adecuado, por lo que esta terapia no se contempla como opción en la actualidad.[13]

Otro enfoque terapéutico es la aplicación intravaginal de estrógenos. Varios estudios han demostrado que la aplicación intravaginal de estrógenos altera la expresión de péptidos antimicrobianos y proteínas de unión celular en células epiteliales aisladas de orina, lo que sugiere que la terapia con estrógenos modula la barrera mucosa del tracto urinario inferior. Por lo tanto, la terapia con estrógenos vaginales es una opción terapéutica segura y viable para las mujeres posmenopáusicas que sufren de ITU.[4]

¿QUÉ ES EL ARÁNDANO ROJO AMERICANO?

El arándano rojo americano (*Vaccinium macrocarpon* Aiton) es una fruta nativa de América del Norte del género *Vaccinum.*[16] Se obtiene de un arbusto perenne de talla baja que crece en zonas pantanosas de suelos arenosos en América, se extiende por zonas de clima templado de la Costa Este a la Central de U. S. y Canadá y desde el sur de Canadá en el norte hasta los Apalaches en el sur.

Existe también el Arándano Rojo Europeo (*Vaccinium oxycoccos* L.), variedad estrechamente relacionada con la americana que produce unas bayas más pequeñas (menos de 1cm) y con hojas también más pequeñas. Y que no ha mostrado, a diferencia de la primera, acción terapéutica alguna.[17]

DESCRIPCIÓN DE LA PLANTA

Como se observa en la figura 3, es un arbusto con ramas finas y muy entrelazadas de máximo 20 cm de altura, generalmente entre 4 y 15 cm, que se extiende sobre el suelo como tapete en forma de cojín de hasta 1 m de diámetro, Con hojas perennes de forma elíptica u oblonga de hasta 2 cm de largo, con puntos obtusos en las puntas de las hojas (o pueden ser redondeados o incluso una pequeña muesca en las puntas). Las hojas son verdes en verano y de color bronce en invierno y blancas por debajo.

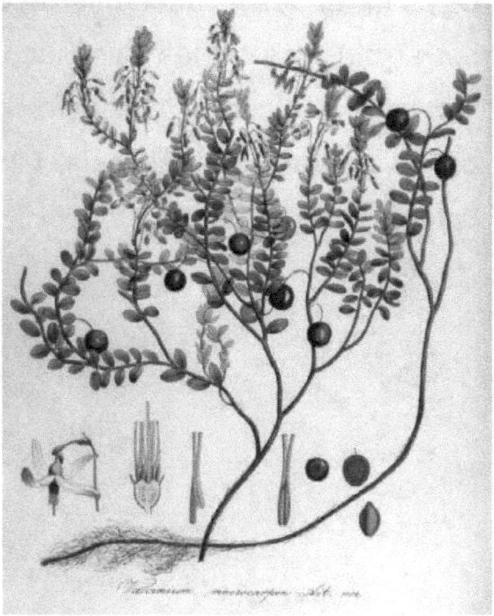

Figura 3: Ilustración Vaccinium macrocarpon (*Flora Batava of Afbeelding en Beschrijving van Nederlandsche Gewassen*), 1872, Janus (Jan) Kops.

Las flores tienen forma de campana, con pétalos de 5 a 10 mm de largo, rosados, curvados hacia atrás y con las anteras y el estigma sobresalientes, divididas en cuatro lóbulos estrechos sostenidos por los pecíolos delgados. Se cuelgan de las axilas de las hojas por separado o en grupos de dos a diez.[18]

Los frutos son bayas que maduran a rojo brillante, y tienen alrededor de 2 cm de diámetro. La epidermis de las bayas es firme, sólida y cerosa por lo que se conserva muy bien y puede permanecer en la planta durante varios meses sin deteriorarse. La pulpa es blanca, seca, astringente y amarga.[19]

OBTENCIÓN DE LA PLANTA

El arándano rojo presenta ciclo de maduración 16 meses, desde la iniciación de la yema hasta la cosecha de la fruta madura, como se ilustra en la figura 4.

El crecimiento de las yemas comienza el año anterior a la cosecha, a partir de Julio. El desencadenante de este proceso es el aumento de las horas de sol al día. Los brotes continúan creciendo a lo largo de lo que queda de verano y el otoño. En agosto ocurre el brote inicial de la flor, y se pueden observar cambios visibles en los brotes, que continúan al menos hasta octubre.

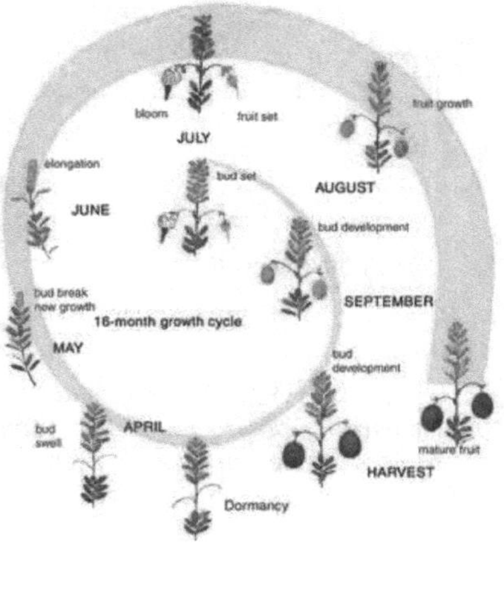

Con el tiempo los botones de las flores se vuelven inactivos hasta la primavera siguiente. La señal para entrar en este periodo de latencia es la suma de bajas temperaturas y días más cortos. Este periodo finaliza con el aumento de la temperatura y de la duración de los días

Figura 4: Ciclo de maduración del arándano rojo

por primavera, entonces se termina su desarrollo con la apertura de las yemas, crecimiento vegetativo, floración y producción de los frutos.

A finales de mayo los brotes empiezan a crecer y las nuevas hojas y brotes son visibles, creciendo desde el extremo terminal. Durante junio, la planta sigue aumentando en longitud, se ven las hojas nuevas formadas y las primeras flores abiertas.

A finales de junio, la mayoría de las flores están abiertas y los pantanos de arándano se asemejan a una alfombra de color rosa. Desde finales de junio hasta principios de julio, las abejas polinizan las flores de arándano y se forma la fruta pequeña. Desde este punto hasta la cosecha, el ciclo de crecimiento se solapa con el inicio de un nuevo ciclo para el año siguiente.

Durante las tres primeras semanas después de la fructificación, el fruto adquiere la mayoría de sus componentes minerales. Desde ese punto hasta la cosecha, la fruta crece por la acumulación de carbohidratos (azúcares y almidón producido a través de la fotosíntesis) y agua. El riego es a menudo necesario durante este período. Por septiembre, el fruto comienza a desarrollar su característico color rojo a través de la producción de antocianina. La plena madurez de fruta se produce aproximadamente 80 días después de plena floración.[20]

La recolección suele hacerse con máquinas cosechadoras o a mano con peines semejantes a los empleados en la recolección del arándano de bosque. En EE.UU la recolección también se efectúa inundando el campo (como en los arrozales).[19]

En la cosecha en seco, los agricultores utilizan máquinas cosechadoras parecidas a una segadora. Los recolectores empiezan a trabajar por la tarde, cuando el rocío en las ramas ya se ha secado. Entonces las máquinas, con sus rastrillos giratorios, recogen las bayas directamente de los rabillos. La fruta cae sobre una cinta transportadora que deja caer los frutos en un contenedor. Tras una selección manual, los frutos frescos llegan al comercio o se preparan para su exportación. En una jornada de trabajo, entre 35 y 40 trabajadores pueden recolectar unos 36000 kg de la preciada baya.

Para recolectar los arándanos en mojado, los agricultores inundan sus campos hasta una altura aproximada de 45 centímetros. Unos remolinos de agua generados artificialmente desprenden las bayas de los arbustos o también se pueden golpear los tallos con una especie de rastrillos. Dado que cada arándano dispone de cuatro cámaras de aire, flotan sobre la superficie del agua. Las bayas se aspiran en los contenedores, se trasladan mediante cadenas de trabajo a los camiones y se transportan a las zonas de procesado. Ahí serán transformadas en zumo, salsa o polvo. Con este procedimiento, seis trabajadores recolectan al día unos 136000 kg de arándanos.

USOS DEL ARÁNDANO ROJO AMERICANO

USOS TRADICIONALES

Fue utilizado históricamente por indígenas como alimento en su consumo directo, para elaborar zumos, jaleas y mermeladas, y como fitoterapia con fines medicinales.

Las propiedades medicinales del arándano americano han sido reconocidas durante siglos. Los nativos americanos prepararon apósitos usando la fruta seca, y también como producto alimenticio en el llamado Pemmican, sobre todo los indios nativos de las llanuras de los Grandes Lagos y de la costa atlántica del norte. Este alimento era preparado en los meses de verano con tiras ahumadas de carne de venado y de bisonte que luego mezclaban con grasa y machacaban con gran cantidad de arándanos rojos, muy abundantes en aquellos territorios. Esta mezcla era guardada en recipientes de cuero o de calabaza para ser consumida en los duros meses de invierno[21,22,23,24]. Tradicionalmente, estas culturas también lo usaron por sus propiedades medicinales, por ejemplo para el tratamiento de las infecciones del tracto urinario.[25]

El valor del arándano rojo fue puesto en práctica muy pronto por los colonos ingleses que lo usaron en una gran cantidad de enfermedades, incluyendo la pérdida del apetito, problemas digestivos, y el escorbuto, donde usaban la fruta cruda o cocinada en salsa y la comían con la carne. Durante el siglo XVII ha sido documentado que también se usó para aliviar los problemas del hígado, vómitos y cáncer. En Nueva Inglaterra los arándanos hervidos y el aceite de foca se usaron para reducir la severidad de los ataques de la vesícula biliar.[23,24,26]

USOS EN LA ACTUALIDAD

Los suplementos dietéticos de arándano rojo se encuentran entre los más vendidos entre los distintos suplementos fitoterapéuticos en todos los canales de venta en los Estados Unidos (datos de 2012).[27]

Por vía oral se usa como complemento de la terapia para la prevención y el tratamiento sintomático de las infecciones del tracto urinario en adultos. Hay gran cantidad de estudios sobre este uso, tanto en poblaciones pediátricas como adultas. Dos ensayos clínicos han evaluado el efecto del zumo de fruta en poblaciones pediátricas, pero los resultados fueron negativos. Los resultados de los ensayos clínicos con el uso de arándano para el tratamiento de niños con vejiga neurogénica también fueron negativos, y no son compatibles con el uso de los productos de arándano en las poblaciones pediátricas.[28, 29]. Sin embargo, otros estudios más recientes,[30] sí que han mostrado su beneficio como profilaxis en pacientes con ITUs recurrentes. Además, una revisión realizada en 2015,[31] concluyó que el uso de productos de arándano parece efectivo para la prevención de ITUs. También se ha demostrado su efecto para prevenir las ITUs de recurrencia, aunque no para mejorar su severidad en un estudio llevado a cabo en pacientes mayores.[32]

Además de su principal uso en el tracto urinario muchas otras propiedades del arándano rojo han sido examinadas en estudios in vitro. Un informe sugiere que todas las especies del género *Vaccinum* pueden tener propiedades anticancerígenas a través de sus efectos en dos enzimas importantes en la carcinogénesis (quinona reductasa y ornitina decarboxilasa).[33] También se ha estudiado su uso como complemento en ratas con cáncer de mama por su efecto antioxidante, obteniendo como resultados en la normalización de muchos valores analíticos.[34]

Otro estudio examinó el efecto de los arándanos en nueve tipos de dermatofito. El crecimiento de ocho de ellos fue inhibido (era más un efecto fungistático que fungicida). El noveno, *Candida albicans* no fue afectado. No ha habido más estudios en este área desde finales de los 60. Un estudio de sus propiedades antivirales (en el poliovirus) sugiere cierto potencial en este área.[35]

La oxidación de lipoproteínas de baja densidad es un paso temprano en la formación de placas de ateroma en el endotelio vascular. El zumo de arándano inhibe la oxidación in vitro de las lipoproteínas de baja densidad.[36] El zumo de arándano puede proporcionar beneficios similares a otros antioxidantes dietéticos que pueden mejorar la resistencia al estrés oxidativo *in vivo* de las lipoproteínas de baja densidad.[37,38] Esto puede ser beneficioso en la prevención de la enfermedad coronaria. Estudios posteriores han mostrado que el consumo de zumo de arándano bajo en calorías puede disminuir el riesgo cardiovascular, ya que disminuye los triglicéridos, glucosa o proteína C reactiva entre otros.[39]

Finalmente, el uso del zumo de arándano rojo parece tener potencial en la prevención de enfermedades dentales inhibiendo la adhesión de las bacterias necesaria para la formación de placa dental, este mecanismo era desconocido y este uso no había sido testado clínicamente.[40] Sin embargo, ha habido un repunte de estudios en este campo en los últimos años. Se ha visto que, debido a las proantocianidinas que posee, el arándano rojo puede reducir la erosión de la dentina y el colágeno. También se ha visto que es igual de eficaz que el enjuague de clorhexidina para reducir la colonización por Streptococcos.[41, 42] Un artículo de revisión destacó las propiedades del arándano rojo en este campo y su gran potencial terapéutico en el desarrollo de nuevas líneas de investigación.[43]

PROPIEDADES FARMACOLÓGICAS

ACTIVIDAD ANTIMICROBIANA Y ANTIADHERENTE

Un extracto concentrado del zumo del arándano fue probado contra los siguientes patógenos: *Alcaligenes faecalis, Clostridium perfringens, Enterococcus faecalis, Escherichia coli, Mycobacterium phlei, Pseudomonas aeruginosa, Salmonella california, Salmonella enteritidis, Salmonella typhimurium, Shigella sonnei, Staphylococcus aureus meticilina* y *S. aureus* resistente, así como *Candida albicans*.

El concentrado de arándano no inhibía el crecimiento de *C. albicans*, pero tenía actividad variable contra el resto de las bacterias a diluciones de 1:05 y 1:10.[44]

Las primeras investigaciones sobre el mecanismo de la actividad bacteriostática del arándano sugirieron que la acidificación de la orina puede ser la responsable de la misma. Sin embargo, estudios más recientes han demostrado que la acidificación urinaria no es el mecanismo por el cual el arándano ejerce sus efectos, sino que lo hace a través de un mecanismo que implica la inhibición de la adherencia bacteriana. Los estudios *in vitro* han demostrado que, en la clínica, de 77 aislamientos probados, el zumo de arándano disminuyó la adherencia bacteriana de *E. coli* a las células uroepiteliales en un 60 % en comparación con solución salina.[45]

Además, el zumo de arándano inhibe la adherencia de *E. coli* a células epiteliales urinarias humanas tres veces más fuerte que a *E. coli* aisladas a partir de otras fuentes clínicas. Un estudio demostró que el zumo de arándano rojo con efecto dosis-dependiente inhibe la actividad de hemoaglutinación de *E. coli* urinaria afectando a la expresión de moléculas de adhesión de tipo I y P.[46]

El efecto de la fruta en la expresión de fimbrias de *E. coli* se evaluó por el crecimiento de *E. coli* fimbriado en medios sólidos que contenían zumo de arándano. El concentrado de arándano a pH 7.0 fue introducido en el medio para lograr una concentración final de 25%. Las cepas de *E. coli* JR1 y DS17 se sembraron en este medio, con un medio de control normal, y se incubaron a 37 °C. Los resultados demostraron que en la cepa JR1 de *E. coli* , la aglutinación fimbrial fue inhibida después de la tercera cubierta y en la cepa DS17 fue completamente inhibida después de la segunda cubierta. Las bacterias totalmente inhibidas tuvieron una reducción del 100% en la expresión de fimbrias. Son dos los compuestos en el zumo de arándano inhiben la adhesión mediada por lectina de *E. coli* a células de la mucosa. Uno de estos compuestos es la fructosa y el otro es un compuesto polimérico dializable.[47] Otras investigaciones han encontrado que la exposición de las especies bacterianas patógenas al compuesto polimérico dializable, ya sea en el intestino o vejiga produce un efecto bacteriostático mediante la inhibición de la expresión de adhesinas específicas presentes en los pili en la superficie bacteriana.[45,48]

La fracción de proantocianidina aislada de la fruta a partir de un extracto de acetato de etilo se evaluó por su capacidad para evitar la adherencia de *E. coli* , mediante la medición de la capacidad de prevenir la aglutinación de receptores, aislando perlas recubiertas con resina y eritrocitos humanos. La fracción de proantocianidina, a una concentración tan baja como 75,0 mg/mL, exhibió una potente actividad antiadherente en las *E. coli* uropatógenas fimbriadas aisladas de las superficies celulares que contienen secuencias alfa- Gal de los receptores beta -Gal similares a los de las células epiteliales en el tracto urinario. Las estructuras químicas de las proantocianidinas constaban predominantemente de unidades de epicatequina que contienen al menos un tipo de ligamiento A. La procianidina A2 era la unidad de terminación más común, produciendo aproximadamente cuatro veces más que el monómero de epicatequina.[49] Las proantocianidinas de tipo A aisladas a partir de zumo de arándano tenían actividad anti - adhesiva en 60 g/mL, mientras que el tipo B exhibió una débil actividad en 1,2 mg/mL.[50]

Un componente de alto peso molecular de la fruta, conocido como material dializable, a concentraciones de 100,0 g/mL, inhibió la adhesión de la cepa *Helicobacter pylori* a las células de la mucosa gástrica humana. La inhibición de la adhesión por el material dializable era dependiente de la dosis, y la concentración inhibitoria 50 % (CI50) era dependiente de la cepa, siendo las concentraciones 37,0; 125,0 y 305,0 g/mL para *H. pylori* cepas BZMC -25, EHL- 65 y 17874, respectivamente.[51]

En un estudio, se obtuvieron aislamientos *E. coli* uropatógenas con fimbrias - P de la orina de mujeres con diagnóstico clínico confirmado de infecciones del tracto urinario y se incubaron durante 20 minutos en orina recogida durante un período de 12 horas a partir de mujeres sanas antes y después del consumo de 240 mL de zumo de arándano rojo comercial (30 % de zumo puro), y en extracto de proantocianidina de arándano (pH 6,5) (serie de dilución de 2 veces). Estas bacterias se recogieron a continuación y se tamizaron para estudiar la capacidad de adherirse a células uroepiteliales aisladas y para aglutinar los glóbulos rojos humanos (A1, Rh+). La orina recolectada de mujeres sanas después del consumo del zumo de arándano (pH promedio 6,2) impidió la adhesión en 31 (80 %) de los 39 aislamientos y 19 (79 %) de los 24 aislamientos resistentes a los antibióticos en todos los bioensayos, mientras que la orina recolectada antes de la administración del zumo (promedio pH 6,2) no pudo prevenir la adhesión en ninguna de las muestras. La actividad antiadherente se hizo evidente en la orina a las 2 horas y persistió hasta por 10 horas después de la ingestión del zumo de arándano rojo. Las proantocianidinas extraídas inhibieron la adhesión de todos los aislados en concentraciones que van desde 6 hasta 375,0 g/mL, lo que demuestra una potente actividad antiadherente *in vitro* contra estas cepas bacterianas.[50]

En otro estudio, las muestras de orina fueron recogidas de grupos de voluntarios siguiendo el consumo de suplementos de agua, de ácido ascórbico o de arándano (sin especificar) y fueron probadas en un ensayo anti - adherencia. Sólo la ingesta de ácido ascórbico produjo la acidificación de la orina. Las mediciones de la tensión superficial de la orina recolectada mostraron que en la suplementación con el agua y el arándano la orina producida presentaba una tensión superficial más alta que la orina del grupo de control o de orina recogida después de la ingesta de ácido ascórbico. La orina obtenida después de la administración de suplementos con ácido ascórbico o de arándanos reducía las tasas iniciales *in vitro* en la deposición y adherencia de *E. coli* y *Enterococcus faecalis*, pero no de *Pseudomonas aeruginosa*, *Staphylococcus albicans epidermidis* o *Candida*. Por el contrario, la orina obtenida de sujetos con aumento de la ingesta de agua aumentó considerablemente las tasas de deposición inicial y el número de adherentes de *E. coli* y *E. faecalis* ($p < 0,05$).[52]

En los estudios anteriores, se habla de actividad in vitro, sin embargo, un estudio reciente, tras realizar el ensayo de adhesión de vellosidades *in vitro*, encontró que bajas concentraciones de extracto de arándano (20 µg o 100 µg/mL) tienen actividad inhibidora de la adherencia en *E. coli* F4 + y F18 + (100% de inhibición). Este efecto no se debió a la actividad antimicrobiana. Supusieron que el extracto de arándano (10 mg o 100 mg) también podría anular la unión in vivo de las fimbrias F4 y F18 al epitelio intestinal del cerdo en experimentos de bucles ligados. Por ello, se realizaron dos experimentos con *E. coli* F18 + para abordar la eficacia del extracto de arándano enriquecido en agua o en alimento. No se observó ningún efecto en los lechones que recibieron extracto de arándano solo en la alimentación (1 g/kg o 10 g/kg). Sin embargo, la suplementación de alimento (10 g/kg) y agua potable (1 g/L) disminuyó significativamente los síntomas de la infección. La disminución de la infección dio como resultado una disminución de la respuesta de anticuerpos en suero que indica una exposición reducida a F18 + *E. coli*. Aún son necesarios más estudios que evalúen el efecto in vivo sobre la adhesión microbiana.[53]

LA ACTIVIDAD ANTIOXIDANTE

La actividad antioxidante de la fruta y de sus componentes fenólicos (Figura 5) fue medida *in vitro*. El fruto tiene una concentración de antocianina de 0,32 mg/g de fruto fresco y una concentración de fenoles totales de 3,15 mg/g de fruto fresco. *In vitro* la fruta exhibió efectos antioxidantes a una concentración de 18,5 mmol/g de fruto fresco. El ácido clorogénico, peonidina 3 - galactósido, cianidina 3 - galactósido y cianidina 3 - galactósido fueron los antioxidantes más importantes en el fruto.[54]

Se analizaron los extractos de la fruta en metanol para medir su actividad sobre radicales libres y la inhibición del crecimiento de células tumorales usando siete líneas celulares.

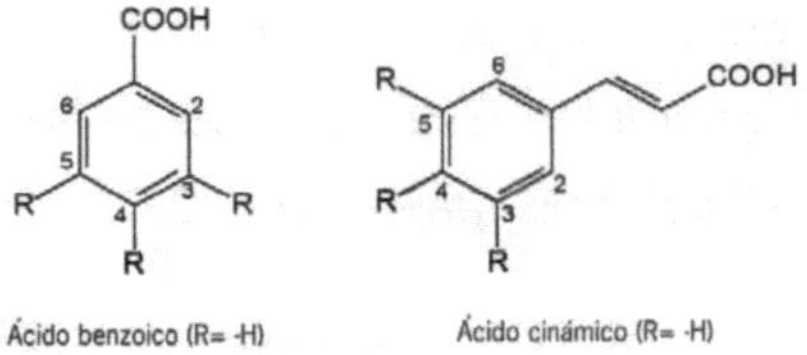

Figura 5: Principales ácidos fenólicos del Arándano Rojo. (www.fitoterapia.net)

Un extracto de metanol de la fruta causó la inhibición de la proliferación de las líneas celulares K562 y HT - 29 a concentraciones en el rango de 16,0 a 125,0 g/mL. La actividad antioxidante fue mayor en un extracto compuesto principalmente de glucósidos de flavonol. Siete mono flavonoles glucósidos: miricetina 3 -alfa- arabinofuranósido, la quercetina - 3 xilósido, 3 - methoxyquercetin 3 -beta- galactosidasa (isorhamnetin), quercetina 3 - beta - galactósido, miricetina 3 betagalactosido y la quercetina - 3 alfa - arabinofuranósido y quercetina 3 - alfa - ramnopiranósido se utilizaron para evaluar la actividad del radical 1,1 - difenil - 2 – picrilhidrazil y la capacidad de inhibir la oxidación de las lipoproteínas de baja densidad *in vitro*. La mayoría de los flavonoles glucósidos tenían actividad antioxidante comparable o superior a la de vitamina E. La cianidina 3 - galactósido mostró una actividad superior a la de los flavonoides, así como la vitamina E o de un análogo de vitamina E soluble en agua en ambos ensayos antioxidantes.[55]

En otro estudio *in vitro*, los efectos antioxidantes y antiinflamatorios de antocianinas de arándanos y ácidos hidroxicinámicos se midieron contra el peróxido de hidrógeno y el factor de necrosis tumoral (TNF), responsables del daño inducido a las células endoteliales microvasculares humanas. Los polifenoles del arándano fueron absorbidos por las células endoteliales y, posteriormente, se produjo una reducción de la vulnerabilidad de las células endoteliales a un mayor estrés oxidativo en la membrana y el citosol. Además, los polifenoles también redujeron la actividad de TNF-alfa inducido sobre la regulación de diversos mediadores inflamatorios (interleucina - 8) que participan en el reclutamiento de leucocitos a los sitios de daño o inflamación a lo largo del endotelio. La inhibición máxima de todos los tratamientos se observó a una concentración de 0,1 mg/mL durante 2 horas ($p < 0{,}001$ en todos los casos).[56]

Un estudio reciente realizado en ratas con hepatotoxicidad inducida por CCl_4 mostró que el uso de extracto de arándano rojo americano tiene un potencial papel hepatoprotector contra la hepatotoxicidad inducida por compuestos químicos, mantiene la homeostasis de las enzimas hepáticas, y posee actividad antioxidante significativa frente al estress oxidativo inducido por radicales libres.[57]

EL ARÁNDANO ROJO AMERICANO Y LAS INFECCIONES DEL TRACTO URINARIO

Los arándanos (especialmente en forma de zumo) se han considerado como un remedio casero eficaz para la prevención y el tratamiento de las infecciones urinarias durante muchas décadas. Hasta el momento, no se ha establecido una definición exacta del mecanismo de acción por el que ocurre este efecto. Los intentos de dar explicación empírica a este efecto se centraron, como se ha dicho anteriormente es la acidificación de la orina y en un efecto bacteriostático, pero ambas teorías eran incorrectas. El verdadero efecto parece provenir de su mecanismo antimicrobiano y antiadherente explicado con anterioridad. [58, 59]

Son muchos los estudios que se han realizado en grupos muy heterogéneos de pacientes con dosis muy diferentes para evaluar la verdadera magnitud de este efecto y el papel que puede representar el arándano rojo americano en la prevención y tratamiento de las infecciones del tracto urinario de diferentes etiologías y en el ahorro de consumo de antibióticos.

Thiel et al,[60] realizaron un estudio en mujeres mayores de 18 años que presentaban un aumento en los leucocitos y síntomas clínicos típicos de ITU tales como disuria, aumento o aparición reciente de incontinencia, hematuria y dolor suprapúbico. Todos los sujetos recibieron un comprimido de extracto de arándano estandarizado (67 mg de proantocianidinas) combinado con *Nasturtium officinale* WT Aiton, *Armoracia rusticana* G y vitaminas, dos veces al día (mañana y tarde) durante la primera semana y un comprimido por día durante las siguientes cuatro semanas. Después de 14 y 35 días de tratamiento se realizó una nueva encuesta y control con una prueba de orina. Los pacientes con síntomas clínicos persistentes recibieron un antibiótico, para los demás se continuó la ingesta de comprimidos de arándano. 34

pacientes (70,8%) pudieron abstenerse de tomar antibióticos los primeros 14 días y 32 pacientes (66,7%) dentro de los 35 días. 28 pacientes (87,5%) no presentaron síntomas a los 35 días. Estudios como este apoyan el concepto de utilizar la medicina alternativa para el tratamiento de infecciones urinarias bajas no severas, ya que permite evitar el uso de antibióticos.

Nowack[61], evaluó la literatura disponible sobre el uso del arándano rojo, y concluyeron que su evidencia para usar productos de arándano como un profiláctico de ITU generalmente se considera no concluyente. Según metaanálisis previos, las tasas de recurrencia de ITU generales no podrían ser reducidas por el uso de varios productos de arándano durante un año de seguimiento. Esto ocurre también si se evalúan los diferentes subgrupos de pacientes evaluados por separado: ancianos, pacientes pediátricos, pacientes con vejiga neurogénica, y pacientes con catéteres urinarios permanentes.

Fu et al, [62] realizaron una revisión de 7 ensayos controlados aleatorizados realizados en mujeres sanas con riesgo de ITU (n = 1498 participantes). Los resultados del metaanálisis mostraron que el arándano redujo el riesgo de ITU en un 26% (razón de riesgo combinada: 0,74; IC del 95%: 0,55; 0,98; I2 = 54%). En general, los estudios incluidos fueron relativamente pequeños, con solo 2 que tenían> 300 participantes. Sus resultados sugieren que el arándano puede ser efectivo para prevenir la recurrencia de ITU en mujeres generalmente sanas.

Huang et al, [63] realizaron otro metaanálisis en el que se incluyeron 26 estudios que cumplieron los criterios de selección. La razón de riesgo combinado (RR) de efectos aleatorios para el grupo que usa arándano versus el uso de placebo fue de 0,75; IC del 95% [0,63, 0,880]; p= 0,0002) y la heterogeneidad fue del 56%. Además, dividieron los sujetos en diferentes subgrupos para el análisis. La ingestión de arándano parecía ser más eficaz en algunos subgrupos, incluidos los pacientes con ITU recurrente (RR, 0,71, IC 95% [0,54,0,93], valor p = 0,002) (I^2 = 65%) y población femenina (RR, 0,73), IC del 95% [0,58,0,92]; valor de p = 0,002) (I^2 = 59%). El efecto de prevención no fue diferente entre arándano rojo y trimetoprima (RR, 1.25, IC del 95% [0,67, 2,33]; valor de p = 0,49) (I^2 = 68%). No importaba que las formas de arándano fueran cápsulas o jugo, la eficacia fue útil. Esta reciente revisión demostró que la ingesta de arándanos se asocia de manera útil con la prevención de ITU y que su eficacia es diferente entre los diferentes subgrupos de población.

Sin embargo, a pesar del beneficio probado en muchos artículos, los metaanálisis realizados hasta ahora sobre el tema han mostrado resultados contradictorios. Liska et al,[64] investigaron el motivo de estos resultados. A pesar de preguntas de investigación similares, los metaanálisis variaron en los estudios que se incluyeron, así como en los datos que se extrajeron. En las 2 revisiones sistemáticas más completas, la heterogeneidad se manejó de manera diferente, lo que llevó a un I2 del 65% en uno y 43% en el otro. En particular, las poblaciones que influyen en las conclusiones varían. En un análisis, las poblaciones con condiciones patológicas / fisiológicas contribuyeron con el 75,6% del peso total a la estimación de riesgo sumario (RR: 0,86, IC 95%: 0.71, 1,04); otro ponderado la evidencia de manera relativamente equitativa a través de las poblaciones de ITU (RR: 0,62, IC 95%: 0,49, 0,80); y un tercio incluyó solo mujeres con infecciones urinarias recurrentes (RR: 0,53, IC 95%: 0,33, 0,83). Debido a que las mujeres con ITU recurrentes son el grupo al que se dirige la mayoría de las recomendaciones con respecto al consumo de arándano, la inclusión de otros grupos en la evaluación de la eficacia podría influir en la calidad de la práctica clínica y en la fiabilidad.

OBJETIVOS

Objetivo principal: Conocer los usos terapéuticos del arándano rojo americano en la prevención y tratamiento infecciones del tracto urinario.

Objetivos secundarios:

Analizar la efectividad del arándano rojo americano como profilaxis y tratamiento en infecciones del tracto urinario recurrentes.

Analizar la efectividad del arándano rojo americano como profilaxis y tratamiento en infecciones del tracto urinario en diferentes grupos de población.

MATERIALES Y MÉTODOS

Diseño

El presente trabajo es una revisión de literatura científica sobre los usos terapéuticos del arándano rojo americano en las infecciones del trato urinario en diferentes grupos de población.

Estrategia de búsqueda

Inicialmente se procedió a la selección de palabras clave para la búsqueda de descriptores de ciencias de la salud (DeCS) utilizando la página web de la Biblioteca Virtual en Salud (BVS). Los descriptores utilizados (tanto en inglés como en español) fueron: cranberry, *Vaccinium Macrocarpon*, infection y urinary tract. Mediante ellos y los operadores boleanos "AND" y "OR" se llevó a cabo una búsqueda de artículos, descrita en la tabla 1, en las bases de datos Pubmed, BVS, Lilacs, Scielo y Cuiden, teniendo en cuenta los criterios de inclusión y de exclusión descritos en la tabla 2

TABLA 1. Proceso de búsqueda bibliográfica

Base de datos	Cadena de búsqueda	Resultados encontrados
Pubmed	"vaccinium macrocarpon" OR "cranberry" AND "infection" AND "urinary tract"	71
Scielo	"vaccinium macrocarpon" OR "cranberry" AND "infection" AND "urinary tract"	1
Lilacs	"vaccinium macrocarpon" OR "cranberry" AND "infection" AND "urinary tract"	2
Cuiden	"vaccinium macrocarpon" OR "cranberry" AND "infection" AND "urinary tract"	3

Tabla 2. Criterios de búsqueda

Criterios de inclusión	Criterios de exclusión
- Artículos publicados en los últimos cinco años, es decir, entre 2013 y 2018. - Idioma: español e inglés. - Texto completo disponible. - Artículos relacionados con los objetivos del presente trabajo.	- Artículos publicados antes del año 2013. - Idioma distinto de español o inglés. - Texto completo no disponible. - Artículos cuyos temas no estén relacionados con los objetivos de este trabajo. - Casos clínicos o revisiones sistemáticas

Tras la búsqueda se obtuvieron un total de 77 estudios. El proceso de selección y descarte de los mismos se refleja en la figura 6. En primer lugar, se comprobó que ninguno de los estudios estaba repetido y se excluyeron 6 por no poseer abstract. A continuación, se procedió a la lectura del título y el resumen de ellos y se descartaron 58 de los estudios. Tras la revisión del título se excluyeron 45 por ser revisiones sistemáticas, casos clínicos, estudios en animales o por no cumplir los objetivos del estudio. Y de los 26 restantes se excluyeron 13 tras la lectura del abstract. Un caso de pacientes con trasplante de riñón, ya que esta población se encuentra inmunodeprimida. Otro de pacientes con esclerosis múltiple, que tienen más posibilidad de presentar vejigas neurógenas con mayor incidencia de infecciones del tracto urinario inferior. Un caso de pacientes con urostomia, que, al carecer de vejiga y presentar una anatomía urinaria compleja, así como cambios metabólicos debido a la nueva derivación urinaria presentan más riesgo de nuevas infecciones urinarias y urolitiasis. Por último, se han descartado 4 casos de pacientes portadores de catéteres uretrales debido a que producen sintomatología del tracto urinario inferior de tipo irritativo que puede confundirse con la sintomatología propia de una infección del tracto urinario inferior y el resto por no cumplir los objetivos.

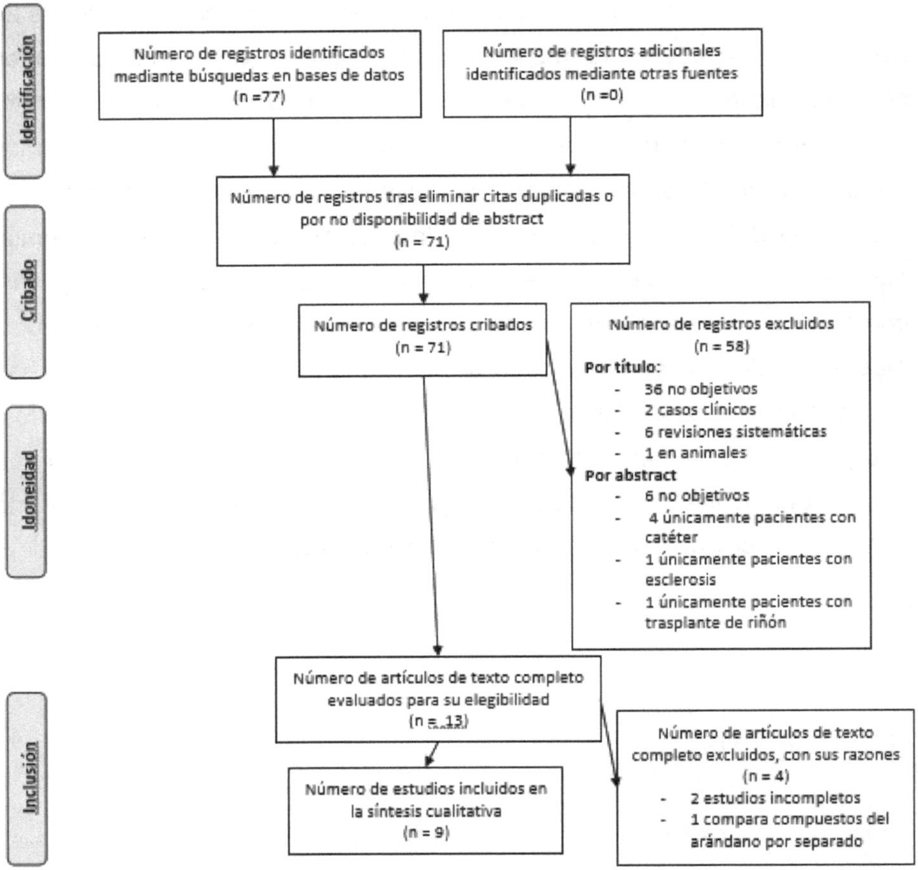

Figura 6. Diagrama de flujo prisma para la selección de artículo

Se examinaron los restantes y se analizó la calidad del resto mediante la lectura crítica con ayuda de CASPe, descartando un artículo por analizar los diferentes compuestos del arándano por separado y tres por estar aún en fase de experimentación y no tener resultados.

Finalmente, la muestra de este trabajo está constituida por 9 artículos. El tratamiento y estudio de los datos de las referencias bibliográficas se realizó con el gestor bibliográfico Mendeley®.

RESULTADOS

Tras realizar la revisión bibliográfica se obtuvieron un total de 9 artículos relacionados con los objetivos planteados en este estudio. En la tabla 3 se presentan las principales características de los artículos incluidos.

Tabla 3. Artículos seleccionados con relación al uso del arándano rojo americano en el tratamiento de ITU.

Tabla 3a.

Referencia	Revista y año	Pacientes	Tipo de estudio	Seguimiento	Intervención
65	The American Journal of Clinical Nutrition 2016	Mujeres con ITUs recurrentes N=373	Ensayo clínico multicentrico doble ciego aleatorizado placebo-controlado	24 semanas	Zumo de arándano vs placebo
66	Phytotherapy research 2015	Mujeres con ITUs recurrentes N=182	Ensayo clínico unicentrico doble ciego aleatorizado placebo-controlado	6 meses	Extracto de arándano vs placebo
67	Urology journal 2016	Mujeres y hombres con ITUs recurrentes N=70	Ensayo clínico doble ciego aleatorizado placebo controlado	1 mes	Oximacro® vs placebo

Tabla 3b.

Referencia	Revista y año	Pacientes	Tipo de estudio	Seguimiento	Intervención
68	BMC Urology 2013	Mujeres con PCUTIs recurrentes N=20	Ensayo clínico unicéntrico observacional prospectivo	Hasta 6 meses	Cysticlean®
70	JAMA 2016	Mujeres mayores N= 185	Ensayo clínico multicéntrico doble ciego aleatorizado placebo controlado	1 año	Cápsulas de arándano vs cápsulas de placebo
71	Anales de pediatría 2014	Niños N= 192	Ensayo clínico unicéntrico fase III doble ciego aleatorizado. No inferioridad	1 año	Jarabe de arándano vs jarabe de trimetoprima a
72	Journal of Clinical Gastroentero logy 2014	Mujeres diagnostica das de cistitis N= 33	Estudio observacional prospectivo	90 días	Preparado de arándano, manosa y Lactobacillus
73	International Urolology and Nephrlogy 2016	Pacientes con ITUs recurrentes N= 72	Estudio aleatorizado controlado con placebo	12 semanas	Cranpac® vs *Lactobacillus*

Características de los estudios

En cuanto a las características metodológicas de los estudios, el tamaño muestral fue superior a 30 en 7 de los estudios[65,66,67,70,71,72,73], siendo de 20 pacientes en dos de ellos[68,69].

6 de los estudios[65,66,67,72,73] poseían grupo intervención con diferentes presentaciones de arándano y grupo control, la N media fue de 90,7 (35-185) en el grupo intervención y de 76,7 (35-188) en el grupo control. En los 6 estudios los sujetos fueron aleatorizados. De estos estudios, excepto en el estudio de Occhipinti et al[67], en todos se especifica que la selección del tamaño muestral fue realizada por diferentes métodos estadísticos que aseguraban un poder del 80% y un error α= 5%.

Debido a perdidas de seguimiento o retiradas del estudio por cumplir algunos de los criterios de exclusión, por lo que la población realmente estudiada fue de N= 67,8(29- 160) pacientes en el grupo intervención y N= 73,3 (19-162), aunque los análisis estadísticos se hicieron por análisis de intención de tratar con la muestra primaria del estudio.

En cuanto a los estudios de un solo brazo, el tamaño muestral fue de 20 pacientes en dos de ellos[68,69] y de 33[72] en el restante, sin ninguna pérdida en el seguimiento.

Los criterios de inclusión fueron similares entre parte los estudios, aunque difiriendo en varios aspectos; en los ensayos de Maki et al[65], Vostalova et al[66], Occhipinti et al[67], Burleigh et al[69], Fernandez – Puentes et al[71] y Singh et al[73], se incluyeron pacientes con infecciones del tracto urinario recurrentes, aunque la definición de esta difería entre los diferentes estudios.

- En los estudios de Maki et al[65], Vostalova et al[66], Occhipinti et al[67]l se definía como la presencia de al menos dos ITUs en el último año, aunque el último autor también aceptaba al menos una en los últimos 6 meses. Vostalova et al,[66] también tenían como criterio de inclusión unos valores analíticos normales.
- Burleigh et al,[69] la definía como la aparición de al menos tres episodios en el último año, al igual que Singh et al.[73] aunque este también aceptaba dos episodios en los últimos seis meses e incluía pacientes con bacteriuria subclínica (asintomática) no respondedores a antibióticos.
- Fernandez- Puentes et al,[71] definieron las ITUs como al menos la concurrencia de dos episodios en los últimos 6 años.

Cuatro de los estudios citados anteriormente fueron realizados en mujeres[65,66,69,70], mientras que el estudio de Occhipinti et al,[67] Incluyó mujeres y hombres, el de Fernández- Puentes et al,[71] niños y en el de Singh et al[73] no se especifica.

En los estudios de Maki et al,[65] y Burleigh et al,[69] también se incluyeron pacientes que habían tenido dos semanas de lavado respecto a una toma de antibiótico previo, no profiláctico en el caso de Burleigh et al,[69] ya que este autor si incluyó pacientes que tomaban antibióticos profilácticos y de ningún tipo en el caso de Maki et al[65].

En cuanto al resto de los estudios, los criterios de inclusión fueron los siguientes;

- Juthani-Mehta et al[70]: Mujeres residentes en centros de larga estancia > años.
- Vicariotto[72]: mujeres mayores de 18 años con cistitis no complicada diagnosticada por tiras reactivas y con la presencia de síntomas típicos según el "ITU Symtom Assessment questionnaire.
- Sanchez - Ballester et al[69]: Mujeres de 18 – 60 años con al menos 2 PCUTIs en el último año debidas a *E. coli* y con infección activa diagnosticada mediante cultivo al inicio del estudio y que fue negativizada tras tratamiento con antibiótico.

Respecto a los criterios de exclusión eran bastante diferentes entre los estudios, aunque con algunas características comunes. Los principales criterios de exclusión fueron; embarazo o lactancia durante el estudio o la posibilidad de estos[65,66,72], anormalidades anatómicas del tracto urinario (vejiga neurógena, obstrucción...)[65,66,67,71], la diabetes mellitus[65,66,69,72] o la presencia de catéter[65,66,70,72].

El resto de los criterios de exclusión fueron;

- Maki et al,[65]: Presencia de enfermedad policística o cistitis, cirugía urológica previa, lesión de la espina dorsal, esclerosis múltiple, pacientes inmunocomprometidos, mala función renal, trauma o cirugía mayor, toma concomitante de anticoagulantes orales y presencia de anormalidades analíticas.
- Vostalova et al,[66]: Presencia de ITU al inicio del tratamiento, tratamiento antibiótico durante el estudio por razones diferentes a la ITU, pacientes inmunocomprometidos o con

historia médica o quirúrgica que puedan afectar al estudio, consumo de drogas o alcohol o participación en otro ensayo clínico.

- Sánchez – Ballester et al[68]: Consumo regular de productos con arándano en los últimos tres meses, neoplasias en la vejiga, piedras en el riñón u otros síntomas obstructivos, orina en la vejiga después de la micción >100mL.
- Burleigh et al[69]: Presencia de enfermedades que puedan comprometer la inmunidad, otras comorbilidades, alergia a alguno de los componentes o enfermedad inflamatoria de los vasos.
- Juthani-Mehta et al[70]: Estancia menos a 1 mes en la residencia, tratamiento con antibiótico para tratar las ITUs, diálisis, imposibilidad de obtener una muestra de orina clara, tratamiento concomitante con Warfarina, nefrolitiasis o alergia al arándano rojo.
- Fernandez- Puentes et al[71]: Presencia de otras infecciones, desórdenes metabólicos, patología renal o hepática, alergia a los componentes de algunos de los compuestos usados en el estudio, discrasia sanguínea.
- Vicariotto[72]: Síntomas agudos de cistitis durante más de una semana, fiebre, enfermedades de transmisión sexual, vejiga neuropática, descarga vaginal o haber recibido tratamiento con antibiótico u otros productos de *Lactobacillus spp* en los últimos dos meses.

Como se puede observar, no todos los estudios excluyen a pacientes con catéter o anormalidades anatómicas del tracto urinario, sin embargo, la inclusión de este tipo de pacientes sólo se informa en el estudio de Singh et al,[73] En este estudio, por otro lado, no se nombran los criterios de exclusión.

Otro detalle que destacar de estos estudios es que algunos permiten el uso de antibióticos si aparecen enfermedades del tracto urinario durante el desarrollo de este[65, 66, 68, 71], en el caso de Juthani-Mehta et al[70], aunque no lo cita como criterio, sus pacientes sí que reciben antibiótico según los resultados. Los estudios de Burleigh et al,[69] y Singh et al,[73] tampoco informan si se permite o no este uso, mientras que se prohíbe en los estudios de Occhipinti et al[67] y Vicariotto[72], aunque en este último permiten su prescripción en el grupo placebo en caso de ITU.

Características de los participantes

La mayoría de los estudios realizados para evaluar el efecto del arándano rojo americano sobre las infecciones del tracto urinario se han realizado en mujeres. Este hecho se refleja bien en los estudios seleccionados para este trabajo, ya que, de los 9 estudios, 6 (66,66%) se realizaron únicamente en mujeres, 5 de ellos en mujeres adultas, y el restante en mujeres ancianas (>65 años). Dos de los restantes se realizaron en población mixta, tanto hombres como mujeres; el estudio de Fernandez- Puentes et al,[71] se realizó en niños, tanto mayores como menores de un año, y el de Occhipinti el al,[67] en hombres y mujeres adultos. El estudio de Singh et al,[73] no especificaba el género de los pacientes. En la tabla 4 se especifican las principales características de cada grupo de pacientes en los diferentes estudios.

Tabla 4. Características de los pacientes incluidos en los estudios.

Autor	Carácteristicas	Edad grupo Intervención	Edad grupo Control	P
Maki KC et al.[65]	Mujeres 185 grupo intervención 188 grupo control	40. 9 ± 1.1[2] < 50: 131 (70.8%) ≥ 50: 54 (29,2%)	41.0 ± 1 < 50: 133 (70.7%) ≥ 50: 55 (29,3%)	0.896 0.999
Vostalova et al.[66]	Mujeres 89 grupo intervención 93 grupo control	35. 61 ± 12.97	38.3 ± 1.33	0.08
Occhipinti et al.[67]	Mujeres y hombres 30/ 5 grupo intervención 30/5 grupo control	38 (19-61)	38 (19-63)	
Sánchez-Ballester et al[68]	Mujeres 20 grupo intervención	35. 2 ± 9.6		
Burleigh et al[69]	Mujeres 20 grupo intervención	37 (18-64)		
Juthani-Mehta et al.[70]	Mujeres mayores 92 grupo intervención 93 grupo control	87.1	85.6	
Fernández-Puentes et al.[71]	Niños 117 grupo intervención 75 grupo control	≤ 1 año: 32 > 1 año 43	≤ 1 año: 53 > 1 año 64	
Vicariotto[72]	Mujeres 33 grupo intervención	x		
Singh et al.[73]	36 grupo intervención 36 grupo control	41. 6 (15-76)	35.8 (18-70)	0.13

Si excluimos el grupo de ancianas y el grupo de niños, además de grupo de Vicariotto[72] del que no disponemos de datos, la media de edad de la población que recibe arándano rojo, ajustada por media de edad de cada estudio y número de pacientes de este sería de

38,98 años. Mientras que la edad media del grupo control es de 39,45 años.

De estos, 5 pacientes de cada grupo son varones mayores de 51 años, correspondientes al estudio de Occhipinti et al[67]. En este estudio la población está disgregada en rangos de edad (19-24, 25-30, 31-35, 36-40, 41-50, >51), incluyendo exactamente el mismo número de pacientes (5) en cada rango en ambos grupos. En el estudio de Maki et al,[65] también se hace un subgrupo entre pacientes menores de 50 años y pacientes mayores de 50 años, con un mayor número de personas en el primer grupo.

En todos los estudios de dos ramas las características de los pacientes son similares en ambos grupos. Cabe destacar la presencia de pacientes con catéter en el estudio de Singh et al,[73] con 8/36 pacientes en el grupo intervención (4 con catéter intermitente, 2 con hiperplasia benigna de próstata, 1 con vejiga neurogénica y 1 con cistostomía suprapúbica) y 6/36 pacientes en el grupo control (3 con catéter intermitente, 2 con hiperplasia benigna de próstata y 2 con cistostomía suprapúbica).

Características de los tratamientos

En todos los estudios el grupo intervención recibe arándano rojo americano, sólo o en combinación, en presentaciones diferentes y con dosis y duración del tratamiento diferentes, las cuales desglosaremos a continuación. Además, siempre que venga indicado en el estudio, se informará de la cantidad de proantocianidinas a las que equivale, ya que se considera que son el compuesto responsable de su actividad sobre las infecciones del tracto urinario.

Maki et al,[65] usan como tratamiento 240 mL de zumo de arándano rojo al día durante 24 semanas. 240 mL de zumos equivalen a 41,1 ± 7,1 mg de proanticianidinas analizados por un método colorimétrico con 4-dimetilaminocinamaldehido (BL-DMAC) con procianidinas A2 como estándar o 119 ± 16,9 mg si se analizan mediante un método colorimétrico con 4-dimetilaminocinamaldehido modificado usando proantocianidinas de arándano rojo como estándar, aisladas y purificadas previamente del zumo de arándano concentrado.

Vostalova et al,[66] usan cápsulas con 250 mg de polvo de arándano rojo con 1,4 mg de proantocianidinas analizadas por BL-DMAC. Los pacientes tenían que tomar dos cápsulas al día después del desayuno durante 6 meses.

Occhipinti et al,[67] suministraron a las pacientes cápsulas de 500 mg para administrar dos veces al día durante 7 días. Estas cápsulas contenían 112 mg de oximacro ®, un extracto de arándano rojo con alta cantidad de proantocianidinas, 36 mg en este caso analizados por BL- DMAC.

Sánchez - Ballester et al,[68] usaron como tratamiento Cysticlean ®, un extracto de arándano rojo presentado en forma de bolsa. Los pacientes recibieron el extracto (118 mg de proantocianidinas al día) durante 6 meses de la siguiente forma: tras el primer encuentro sexual en una semana recibían tres bolsas para tomar una al día durante tres días, y tras los siguientes encuentros sexuales en una semana recibían únicamente una bolsa postcoital.

Burleigh et al,[69] proporcionaron a los pacientes arándanos rojos deshidratados, una dosis de 42 g diarios durante dos semanas. No se especifica la cantidad de proantocianidinas que contienen.

Juthani-Mehta et al,[70] suministraron cápsulas de arándano rojo con 36 mg de proantocianidinas confirmadas por BL-DMAC, para tomar dos cápsulas al día en una sola toma durante 1 año.

Los pacientes del artículo de Fernández- Puentes et al,[71] recibieron jarabe de arándano al 3% a una dosis de 0,2 mL/kg por la noche. El extracto usado contenía un 22% de proantocianidina tipo A, equivalente a 18 mg aproximadamente.

Vicariotto,[72] usaron como tratamiento una combinación de extracto de arándano, D- manosa, *Lactobacillus plantarum* y *Lactobacillus Paracasei.* A los pacientes se les dieron 90 bolsas, para tomar dos al día durante el primer mes, y una al día durante un mes más, con una duración del tratamiento de dos meses. Cada bolsa contenía 2,5 millones de células vivas de *L. Plantarum*, 1 billón de células vivas de *L. Paracasei,* otro de *S.Thermophilus,* 500 mg de un extracto de arándano con alto contenido en proantocianidinas y 250 mg de D- manosa.

Por último, Sighn et al,[73] entregaron cápsulas de arándano rojo Cranpac™ con 60 mg de proantocianidina A por cápsula, los pacientes debían de tomar una cápsula dos veces al día durante 12 semanas.

Podemos observar que los distintos estudios difieren en presentación del arándano rojo americano, dosis administrada, tanto de arándano rojo, como de cantidad de proantocianidinas en el mismo, intervalo posológico y duración del tratamiento.

En cuanto al grupo control, en los estudios en los que había placebo, este presentaba las mismas características organolépticas que el producto de arándano para evitar posibles sesgos.

Fernández - Puentes et al,[71] usaron un jarabe de trimetoprimaa suspendido en glucosa a una concentración de 8 mg/mL. Usaron un colorante CC-1000-WS a una concentración del 0,1% para enmascarar el color y el sabor del tratamiento recibido. Se administró a dosis de 0,2 mL/kg por la noche.

Singh et al,[73] suministraron al grupo control cápsulas de *Lactobacillus spp*, con 400 millones de *L. Acidophilus* por cápsula, para tomar una cápsula dos veces al día.

Algunos estudios midieron la adherencia al tratamiento administrado, pudiendo considerarla en general bastante elevada. Maki et al,[65] obtuvieron una adherencia del 98%, y Occhipinti et al,[67] del 97%. En el trabajo de Juthani-Mehta et al,[70] la adherencia fue de un 80%, aunque fue mayor en los primeros 6 meses del estudio que en los seis últimos meses, lo que podría afectar a los resultados.

Las principales características de los estudios se incluyen en la tabla 5.

Tabla 5. Características de los estudios evaluados; objetivo, variables, resultados, limitaciones y conclusiones.

Tabla 5a.

Cita	Objetivo	Variables	Resultados	Limitación	Conclusión
65	Evaluar los efectos del consumo de una bebida de arándano en los episodios de ITUs clínicas.	Densidad de incidencia de ITU. Densidad de incidencia de ITU con piuria. Tiempo desde la aleatorización hasta la primera ITU / ITU con piuria/ ITU sintomática con cultivo positivo. Reacciones adversas relacionadas, con frecuencia y severidad de síntomas gastrointestinales, signos vitales, peso y parámetros de laboratorio.	39 eventos de ITU clínica en el grupo intervención, 67 en el grupo placebo. Reducción de densidad de incidencia de ITU; Ratio de incidencia ajustado al uso de antibiótico: 0,61 (p= 0,016). Reducción de ITU clínica con piuria. Ratio de incidencia: 0,63 (p= 0,037). Prevención de una ITU clínica por cada 3,2 mujeres tratadas al año (ajustado por uso de antibiótico). Tiempo hasta ITU con cultivo positivo no difirió entre los grupos (p= 0,914), ni tiempo hasta ITU con piuria (p= 0,131). Infecciones por *E. coli* : 27 (90%) intervención vs 24 (70,4% placebo). Diferencias no significativas en seguridad. 1,6% arándano y 5,9% placebo manifestaron náuseas.	Sólo se estudia una toma y de una sola dosis de zumo de arándano. Mujeres con historia previa de ITUs auto-informadas	El consumo de zumo de arándano rojo disminuyó el número de episodios de ITU clínicos en mujeres con historia reciente de ITU. Eficaz para reducir las ITUs de recurrencia y el uso de antibióticos asociado a los mismos.

Tabla 5b.

Cita	Objetivo	Variables	Resultados	Limitación	Conclusión
66	Evaluar si una dosis diaria de 500mg de polvo de arándano rojo americano puede prevenir las rITUs en mujeres de 18 a 75 años conhistoria de ITUs	Diagnóstico de ITU	Episodios de ITU: 9/83 (10,84%) intervención, 24/93 (25,81%) placebo. Reducción del riesgo del 58% (p= 0,04). Incidencia acumulada de ITU durante los 6 meses: 8,5% grupo intervención vs 19% en el grupo control (p= 0,04). Infecciones causadas por *E. coli*: 7/83 (8,43%) intervención vs 22/93 (23,66%) control (p= 0,03). Tiempo hasta ITU 10% arándano 133 días/ 10% control 65 días (p= 0,04). Media de ITUs por sujeto: 0,12 grupo intervención vs 0,32 grupo control (p= 0,03).	No permite saber que parte del compuesto es el responsable de la actividad protectora.	La toma de 500mg de polvo de arándano rojo (2,8 mg PACs) al día durante 6 meses se asoció a una reducción de las rITUs.

Tabla 5c.

Cita	Objetivo	Variables	Resultados	Limitación	Conclusión
67	Informar del análisis químico del contenido de PAC en oximacro® y de su acción en la prevención de ITUs.	mg PAC -A / g oximacro®. Presencia de infección del tracto urinario.	322,89 mg/g ±1,58 Pacientes recuperados: 28/35 intervención vs 0/35 control. Todos los pacientes con placebo acabaron consumiendo antibiótico (p< 0,01). Diferencias en los resultados de los urocultivos entre el grupo experimental y grupo placebo (p < 0,001). Diferencia significativa entre los grupos placebo y Oximacro® tanto para mujeres como para hombres (p <0,001). Diferencias significativas paralos rangos de edad analizados. En particular los rangos de edad femeninos de 19-24, 25-30, 36-40, 41-50 y más de 51 años (p = 0,008). La edad de 31-35 años apenas mostró diferencias (p = 0,095).	Imposibilidad de distinguir entre PAC-A y PAC-B, por lo que no se puede discriminar la dosis del compuesto activo. Escasa duración de tratamiento y del tiempo de seguimiento.	El extracto de arándano Oximacro® contiene un alto contenido total de PAC activos. Administrado a voluntarios, el extracto fue adecuado para la prevención de las ITU y efectivo para reducir las bacterias en orina tanto en el grupo femenino como en el masculino. Los rangos de edad no se vieron afectados por el tratamiento con la única excepción del rango 31-35 en el grupo femenino.

Tabla 5d.

Cita	Objetivo	Variables	Resultados	Limitación	Conclusión
68	Determinar la eficacia profiláctica del extracto de arándano rojo americano (Cysticlean ®) en las mujeres con infecciones del tracto urinario recurrentes postcoitales, no consumidores de extracto de arándano en los tres meses previos, y determinar cambios en su calidad de vida.	Número de infecciones del tracto urinario postcoitales. Escala VAS para evaluar la escala de vida. Cultivo de orina. Tolerabilidad a cisticlean ®.	Reducción de los episodios de PCUTI de 2,8 ± 1,3 al inicio a 0,7 ± 1 al mes 3 y a 0,2 ± 0,5 al mes 6 $p<0.0001$. Porcentaje de pacientes con PCUTIs al mes 3: 50% p= 0.0016 y al mes 6: 15% $p< 0.0001$. El cambio medio en la escala VAS basal fue de 8,7 ± 13,7 al mes 3 p= 0.0110 y 15,8 ± 15,5 al mes 6 p= 0,002. Presencia de *E. coli* al inicio en el cultivo urinario en 20 pacientes, en 6 pacientes después de tres meses p= 0,0002 y en 2 pacientes después de 6 meses p<0,001. No ocurrieron reacciones adversas durante el estudio.	Escaso número de pacientes y corto periodo de seguimiento. Uso de otras intervenciones y medidas higiénicas junto al arándano pudieron influir en los resultados. Patrón de tratamiento administrado. Si las PAC tienen efecto dosis dependiente, una mayor dosis en menos tiempo podría ser igualmente efectiva.	La profilaxis con extracto de arándano rojo americao (Cysticlean®) puede ser una alternativa a las terapias clásicas con antibióticos. Son necesarios más estudios para confirmar los resultados.

Tabla 5e.

Cita	Objetivo	Variables	Resultados	Limitación	Conclusión
69	Determinar si el consumo de extracto de arándano rojo desecado y edulcorado disminuye la recurrencia de ITUs y si esta intervención alteraría la variedad, el factor de virulencia o el número de *E. coli* intestinales.	Disminución en los ratios de ITU pre y post – consumo. Aumento del tiempo hasta la primera ITU desde el principio del estudio. Huella de ADN y PCR múltiple para determinar los factores de virulencia de *E. coli* de un exudado rectal. Número de *E. coli* pre y post consumo intestinales.	17 (53%) pacientes no manifestaron ninguna ITU a los seis meses, con una reducción media del ratio de ITU de 2,4 a 1,1 p= 0,004. Excluyendo a 3 pacientes con antibiótico al inicio también se redujo esta ratio p= 0,01. Reducción significativa de las ITUs adquiridas por los pacientes consumidores de arándano a los 6 meses. 53% pacientes no infectadas en intervención vs 20% placebo p= 0,023. Excluyendo a 3 pacientes consumidoras de antibiótico p= 0,018. Disminución significativa en el número de colonias/ mL aisladas de *E. coli* . No del resto p= 0,04 No hay cambios en la heterogeneidad de *E. coli* postconsumo. Aumento de la presencia del fenotipo A, D y disminución del fenotipo B1, B2 de *E. coli*. Escasa diferencia en factores de virulencia.	Comparación de los pacientes consumidores de arándano de este estudio con un grupo control previo puede ser una limitación en la evaluación de la eficacia.	Beneficio potencial del consumo de arándano rojo en la reducción del número de recurrencias de ITU en mujeres susceptibles. El consumo diario de arándano es económico y un complemento disponible para la dieta A pesar de la eficacia clínica observada por el consumo de arándano, el mecanismo subyacente aún no está claro. Se reducen los *E. coli* intestinales, pero no cambia la cepa o la presencia de otras bacterias. Se necesitan estudios futuros para confirmar los resultados.

Tabla 5f.

Cita	Objetivo	Variables	Resultados	Limitación	Conclusión
70	Testar el efecto de la toma de dos cápsulas de arándano rojo americano una vez al día en presencia de bacteriuria junto a piuria en las mujeres de una residencia de ancianos.	<u>Variable primaria:</u> Presencia de bacteriuria junto a piuria (al menos 10^5UFC/mL con cualquier número de células blancas en el análisis de orina). <u>Variables secundarias</u>: Infección sintomática del tracto urinario, causa de muerte, causa de hospitalización, organismos multirresistentes, antibióticos administrados si sospecha de ITU, administración total de antimicrobianos.	Ratio de incidencia de bacteriuria junto a piuria no ajustado: 25,5% VS 29,5%. Análisis ajustado por datos perdidos no mostró diferencias (29.1% vs 29.0%). p = 0,98. 10 ITUs sintomáticas en grupo intervención vs 12 en grupo control No existían diferencias en causas de muerte, hospitalización, resistencia a antibióticos, antibióticos administrados para ITUs o administración total de antimicrobianos. En el grupo tratamiento, el % de *E coli* inicial fue 19,6% y mes 12, 22,7%. En el control, inicial fue 21,5%, y el mes 12, 17,4%.	Los pacientes no podían ser cateterizados para obtener especímenes urinarios. Sólo se aleatorizaron aquellos que podían dar muestras claras de orina. Exclusión de pacientes con incontinencia puede disminuir generalización de los resultados y 20 pacientes se volvieron incontinentes. No se estudió la adhesión de E. Coli a las células uropiteliales. Se incluyeron tanto mujeres con bacteriuria y piuria inicial como otras sin nada, por lo que no podía determinarse el verdadero papel del arándano.	No existen diferencias significativas en las mujeres del estudio cuando toman o no cápsulas de arándano durante un año-

Tabla 5g.

Cita	Objetivo	Variables	Resultados	Limitación	Conclusión
71	Evaluar la eficacia y seguridad del arándano rojo en la población pediátrica para la profilaxis de las infecciones del tracto urinario recurrentes. Se asumió que el tratamiento con el arándano rojo no es inferior a otras intervenciones profilácticas con eficacia probada como la trimetoprima.	Tiempo sin recurrencia de ITUs	Pacientes menores de 1 año: Ratio de ITUs acumulados con trimetoprima 19% en niños y 43% en niñas y con arándano fue 46% en niños y 17% en niñas. El ratio de ITUs acumulados fue de 28% con trimetoprima y 35% en pacientes con arándano rojo. Pacientes mayores de 1 año: El ratio acumulativo de ITU fue 35% en pacientes que recibían trimetoprima y 26% en los que recibían arándano. Al analizar por sexo, en niños con trimetoprima fue del 33% y 8% en aquellos que recibían arándano. Baja incidencia de reacciones adversas 60% de los episodios de ITU causados por *E. Coli.* Igual en ambos grupos. 33,3% de pacientes con trimetoprima presentaron cultivo con bacterias multirresistentes frente al 22,9% con arándano rojo.	Extrapolación de la dosis de adultos por no existir dosificación estandarizada. Dos grupos de edad muy diferentes puede dificultar la normalización de resultados.	El arándano rojo es seguro y efectivo en la profilaxis de las recurrencias de las infecciones del tracto urinario en niños. A las dosis utilizadas, su eficacia no es menor a la observada para trimetoprima en pacientes mayores de un año, aunque puede considerarse inferior a trimetoprima en menores de un año.

Tabla 5h.

Cita	Objetivo	Variables	Resultados	Limitación	Conclusión
72	Evaluar la efectividad de una asociación de arándano rojo americano deshidratado, D-manosa junto a dos microorganismos *L. Plantarum* y *L. Parasei* en mujeres afectadas de cistits aguda no complicada.	Presencia de nitritos y leucocitos en orina. Presencia de síntomas típicos de cistitis.	Presencia de nitritos y leucocito esterasa en 14 y 20 sujetos tras 30 días y 9 y 14 después de 60 días. p < 0,001 Tras el mes de seguimiento (día 90) hay resultados positivos en nitratos y leucocito esterasa en sólo 4 y 3 de los 24 y 19 pacientes con resultado negativo en el día 60 p= 0,103. Mejora de 4 de los 5 síntomas asociados a las ITUs; disuria, frecuencia urinaria, urgencia y dolor suprapúbico. La hematuria apenas se vio alterada. Al final del seguimiento mensual, apareció un significativo empeoramiento de la disuria (p = 0,048), micción frecuente (p = 0,021) y dolor suprapúbico (p = 0,018).	Escaso tiempo de seguimiento para le mejora de algunos síntomas como la hematuria.	Una asociación de arándano rojo americano, D-manosa, una nueva gelatina, y los dos microorganismos testados mejoran significativamente los incómodos síntomas de las pacientes con cistitis aguda.

Tabla 5i.

Cita	Objetivo	Variables	Resultados	Limitación	Conclusión
73	Evaluar el efecto de un extracto de arándano rojo y en las propiedades uropatogénicas in vitro de *E. coli* y su eficacia y tolerabilidad en pacientes con ITUs subclínicas o no complicadas.	Incidencia de las ITUs recurrentes. Mejora en los síntomas clínicos. Disminución de la piuria o recuento bacteriano en cultivo de orina. Reacciones adversas y tolerabilidad. Bacterias adherentes a las células uropiteliales.	En los pacientes del grupo intervención se observó una disminución en la adhesión bacteriana y en el biofilm formado. En el grupo intervención disminución del 75% en el número de pacientes con crecimiento bacteriano. La puntuación microscópica de piuria disminuyó en un 84% (grupo I) y aumentó por en un 25% (grupo II) después de 3, 6 y 12 semanas p< 0,001. Disminución significativa en la puntuación de quemazón de la micción en el grupo 1, posible asociación de la terapia con arándano a una orina más ácida p<0,001. Un total de 12/36 (33%) y 32/36 (89%) pacientes desarrollaron r-ITU en el grupo I/II, p< 0,001. No reacciones adversas ni retiradas.	El ciego no fue ideal, ya que el segundo autor recopiló datos relevantes del paciente y aleatorizó la terapia. Una duración mayor podría haber aumentado la fuerza del estudio. Comparación con *lactobacillus* en lugar de otro antimicrobiano Grupos de pacientes no homogéneos debido a la coexistencia de trastornos urológicos. Consejos de estilo de vida podrían contribuir a la mejoría de la r-ITU.	La eficacia general y la tolerabilidad del arándano fueron superiores al placebo en términos de adhesión bacteriana; MRHA bacteriana; reducción del pH de la orina; y en la prevención de r-ITU. Se necesitan ensayos controlados para dilucidar el papel preciso, dosis exacta y duración de la terapia PAC-A en pacientes con riesgo de ITU recurrente en pacientes seleccionados con ITU no complicada recurrente.

Las infecciones del tracto urinario se midieron por cultivo positivo según las guías europeas junto a la presencia de síntomas típicos de infección del tracto urinario en todos los estudios analizados.

Otra variable analizada fue la presencia de ácidos fenólicos en orina; Vostalova et al,[66] no detectaron antocianinas o proantocianidinas en orina. Los compuestos fenólicos en orina fueron similares entre los dos grupos. Tampoco encontraron diferencias en la excreción de ácidos fenólicos entre los grupos en el estudio de Fernández- Puentes et al.[71]

Otros resultados significativos encontrados en los estudios fueron los siguientes; Vostalova et al,[66] detectaron cambios similares en parámetros analíticos. Aumento bilirrubina 1µmol/L en grupo placebo vs descenso 0,53 µmol/L en grupo arándano (p=<0,05). Leve descenso en el pH urinario en el grupo arándano 5,83± 0,67 al inicio y 5,64± 0,055 a los 6 meses p= 0,024.

En el estudio de Sánchez- Ballester et al,[68] también se dieron consejos para mejorar los hábitos de vida, como medidas higiénicas o hábitos urinarios, evitar el uso de espermicidas o anticonceptivos orales que pudieron influir sobre los resultados del estudio.

Un análisis realizado en el estudio de Juthani-Mehta et al,[70] del subconjunto de 127 mujeres (n = 66) en el grupo de tratamiento, n = 61 en el grupo de control) que no tenían bacteriuria más piuria al inicio del estudio mostró que el la tasa general de bacteriuria más piuria durante 1 año fue del 15% (n = 39) en el grupo de tratamiento y 11,4% (n = 28) en el grupo control.

DISCUSIÓN

Las infecciones del tracto urinario inferior son muy frecuentes en mujeres fértiles, aumentando en mujeres activas sexualmente, incluyendo infecciones urinarias asociadas a dicha actividad. Sánchez-Ballester et al,[68] realizaron un ensayo clínico con Cysticlean® administrado a mujeres con infecciones urinarias postcoitales. Utilizaron un número limitado de pacientes (N=20) que si bien se encuentra por debajo de los habituales para asegurar que el fármaco es eficaz para la prevención de ITU. Los resultados obtenidos han sido satisfactorios reducción la recurrencia de ITU y con un tratamiento de 6 meses, que es tiempo habitual que duran los tratamientos con profilaxis antibiótica para prevención de ITU.

El número de pacientes incluidos en cada ensayo clínico es importante, atendiendo a que es una enfermedad muy frecuente, y que se presenta preferentemente en mujeres sanas y en edad fértil. Los estudios deberían incluir un mayor número de sujetos que los evaluados en este trabajo, ya que la media obtenida en los artículos esta entre 70-90 pacientes.

Por otro lado, las mujeres postmenopausicas presentan otros factores etiopatogénicos favorecedores de ITU y en muchos casos no se pueden incluir en el mismo grupo al no ser equiparables. Juthani-Mehta et al,[70] incluye a mujeres mayores de 65 años que se encuentran en residencias, mostrando además microorganismos diferentes a los adquiridos en la comunidad y que implica ya intrínsecamente un tratamiento médico diferente tanto en duración y elección de antibiótico. Se debe tener en cuenta que la bacteriuria asintomática no se trata en mujeres menopáusicas, por lo que un recuento positivo sin síntomas a priori no se puede considerar ITU.

Por otra parte, Fernández-Puentes et al,[71] hace un estudio en la población infantil diferenciando en entre pacientes menores de un año y mayores de un año, teniendo en cuenta que el sistema inmunológico no se encuentra lo suficientemente maduro para presentar resultados comparables, por lo que no sería una muestra de población comparable al resto. Asimismo, no se diferencia si los niños presentan reflujo vesicoureteral ni el grado, lo cual es importante, ya que un mayor grado reflujo vesicoureteral incrementa el riesgo de ITU, e incluso de deterioro de la función renal sin ser objetivada analíticamente y precisando de pruebas de imagen nuclear como un renograma. Singh et al,[73] no identifican el sexo de los pacientes, siendo muy importante su diferenciación, ya que el hecho de ser varón implicaría tener una ITU complicada.

El arándano rojo americano se presenta en distintas formulaciones y dosificaciones, que hace que los estudios no sean bioquievalentes entre sí, ni con resultados extrapolables entre ellos, pero sí dentro del estudio al que pertenecen. Se ha comparado su uso con placebo en todos los estudios, sin tener en cuenta el tratamiento estándar con antibioterapia, sólo Fernández-Puentes et al[71] lo incluye, mientras que Singh et al,[73] lo compara con *Lactobacillus*, que, aunque se ha demostrado sus beneficios en mujeres con historia de infecciones del tracto urinario recurrentes,[74] no se considera una terapia estándar, por lo que no sería el comparador más adecuado.

El objetivo principal de este trabajo es revisar el efecto del arándano rojo americano en la prevención de ITU y su uso en el tratamiento de la misma. En dos de los artículos evalúan su uso en pacientes con cistitis no complicadas.[72,73] La sintomatología del tracto urinario inferior de tipo irritativa puede mejorar con arándano, pero la eliminación del microorganismo en orina no es total o no se comprobó con cultivo de orina que es la prueba "gold estándar", por lo que en base a estos estudios no podemos determinar el papel "curativo" del arándano cuando la infección se encuentra presente.

Es importante resaltar que la presencia de sintomatología del tracto urinario inferior no siempre indica infección del tracto urinario per se. La presencia de nitritos y leucocitos en orina es bastante sensible, y se refuerza si se incluye un cultivo de orina positivo que nos identifique el microorganismo. Cada estudio ha definido la recurrencia de ITU de forma diferente, incluyendo sólo sintomatología en algunos, la cual se puede ver mejorada incluso con hábitos dietéticos (menores estimulantes, más hidratación oral). Maki et al,[65] realiza como control examenes médicos y recolección de muestras de orina a lo largo del estudio, ya que tan importante es mejorar la sintomatología como una muestra objetiva de no ITU. Occhipinti et al, [67] y Sánchez-Ballester et al,[68] también incluyen la recogida muestras de orina en sus estudios.

Burleigh et al[69], por otro lado, incluyen colonización con exudado rectal, ya que asocian la etiopatogenia de la colonización con la posibilidad de ITU.

En todos los ensayos se ha visto una reducción del número de ITU, excepto en el caso del trabajo de Fernández-Puentes et al,[71] (en menores de 1 año) y en el de Juthani-Mehta et al,[70] que utilizan mujeres mayores que se encuentran institucionalizadas. Encontraron diferencias significativas en la mejoría sintomática y en los resultados del análisis de orina.

El arándano rojo contiene PAC-A que le dota de una actividad antiadherente sobre las fimbrias de *E. coli*, que es la principal bacteria causante de ITU, y estos factores de patogenia son la principal causa de las recidiva de ITU. Este componente parece tener un efecto dosis- dependiente sobre las infecciones del tracto urinario. La cuantificación, a pesar de no existir una técnica estándar, se ha realizado prácticamente por la misma técnica en todos los trabajos analizados, BL-DMAC, por lo que si permite comparar la cantidad de PAC-A suministrada a los pacientes, encontrando que es muy diferente entre ellos a pesar de haber obtenido beneficio con el uso de dosis tan diferentes.

Burleigh et al,[69] Sánchez-Ballester et al,[68] y Singh et al [73] han tenido en cuenta el tipo de microorganismo centrándose en *E. coli* . La eficacia en bacterias diferentes a *E. coli* está pendiente de valorar, y en los resultados que presenta Burleigh et al,[69] no se ha visto reducción de ITU cuando es diferente el microorganismo a *E. coli*.

El tiempo de seguimiento estimado para la valoración de ITU debe ser al menos 6 meses. Es bien conocido que tras un tratamiento de ITU se solicita urocultivo de control para comprobar la erradicación del microorganismo y evitar recaídas por cistitis subclínicas. En caso de Vicariotto[72] y Occhipinti et al[67], el tiempo de seguimiento ha sido insuficiente, ya que los datos clínicos relevantes para la valoración de recurrencia de ITU se demuestran con mayor tiempo de seguimiento y libre de enfermedad. Los tratamientos actuales para la prevención de los procesos del tracto urinario inferior incluyen calendarios de antibioterapia prolongados con las posibles reacciones adversas que presentan (ef. Grastrointestinales, pérdida de la flora bacteriana, aumento de resistencias) o incluso vacunas individualizadas según microbiota.

El arándano rojo a pesar de presentarse en distintas formulaciones ha demostrado eficacia *in vitro* e *in vivo* frente a las ITU. Nos aporta una disminución de las reacciones adversas habituales de los antibióticos, ya que como se ha observado, ha sido muy bien tolerado en todos los estudios, lo que añadido a que mejora de la sintomatología irritativa del tracto urinario inferior nos hace plantearlo como una posible alternativa terapéutica eficaz.

Las mujeres jóvenes sin factores de riesgo, y que presentan ITU poscoital pueden ser beneficiarias de este tratamiento, ya sea a través de zumo, arándano seco o comercializado como medicamento.

A pesar de los beneficios encontrados, los estudios desarrollados hasta el momento con arándano rojo americano siguen presentando muchas limitaciones, como grupos heterogéneos de pacientes, diferentes preparaciones y dosis de arándano, y escasa cuantificación de proantocianidinas, corta duración del seguimiento y no comparación con alternativas terapéuticas estándar, por lo que aún no podemos determinar la verdadera magnitud de este efecto.

CONCLUSIONES

El uso del arándano rojo americano como profilaxis para prevenir infecciones del tracto urinario en mujeres jóvenes parece ser una alternativa eficaz y segura en la actualidad. No esta claro su beneficio en otros grupos de población como pacientes menores de un año o mayores de 65 años. Tampoco se ha encontrado beneficio cuando la infección del tracto urinario ya estaba presente.

Son necesarios estudios controlados con un mayor número de pacientes, frente a terapias estándar y con una dosificación fija para poder ubicar el verdadero papel del arándano rojo americano en las infecciones del tracto urinario.

FUTURAS LÍNEAS DE INVESTIGACIÓN

A pesar de que los beneficios terapéuticos del arándano rojo americano en la prevención de infecciones del tracto urinario parecen ser reales, aún no hay una presentación clara para utilizar ni una posología acorde al grupo de población.

Sería adecuado presentar ensayos multicéntricos que incluyan mayor número de pacientes y bien estratificados, con un mayor tiempo de seguimiento y diferentes presentaciones de la fruta (zumo, cápsula, extracto), junto a una cuantificación de las proantocianidinas contenidas, con el objetivo de descubrir cual es la presentación, dosis e intervalo que mayor beneficio pueden aportar a la población.

Además, podrían explorarse sus propiedades antiadherentes y antioxidantes para el tratamiento de otras patologías, como podrían ser diversas infecciones dentales o enfermedades cardiovasculares.

REFERENCIAS

1. González Monte E. Infecciones del tracto urinario. Lorenzo V, López JM (eds) Nefrología al día. 2015. http://www.revistanefrologia.com/es-monografias-nefrologia-dia-articulo-infecciones-tracto-urinario-4.

2. Flores-Mireles AL, Walker JN, Caparon M, Hultgren SJ. Urinary tract infections: epidemiology, mechanisms of infection and treatment options. *Nature Reviews Microbiology.* 2015; 13: 269–284.

3. O`Brien VP, Hannah TJ, Nielsen VH, Hultgren. Drug and Vaccine Development for the Treatment and Prevention of Urinary Tract Infections. *Microbiol Spectr.* 2016; 4(1).

4. Lüthje P, Brauner A. Novel Strategies in the Prevention and Treatment of Urinary Tract Infections. *Pathogens.* 2016; 5(1):13.

5. Echevarría-Zarate J, Sarmiento E, Osores-Plenge F. Infección del tracto urinario y manejo antibiótico. *Acta méd. Peruana.* 2006; 23.

6. Díaz C, Cambronero JA, Senovilla JL. Fisiopatología de la infección urinaria. *Clínicas urológicas de la complutense.* 1997; 5: 51-64.

7. Beerepoot M, Geerlings G. Non-Antibiotic Prophylaxis for Urinary Tract Infections. *Pathogens* 2016, 5(2), 36; doi:10.3390/pathogens5020036.

8. Ardila M, Rojas M, Santisteban G, Gamero A, Torres A. Infección urinaria en pediatría. *Repert.med.cir*. 2015;24(2): 113-122.

9. Vasudevan R. Urinary Tract Infection: An Overview of the Infection and the Associated Risk Factors. *Journal of Microbiology & Experimentation*. 2014; 1(2).

10. Conkar S, Mir S. Urine Flow Cytometry in the Diagnosis of Urinary Tract Infection. *Indian J Pediatr. 2017. https://doi.org/10.1007/s12098-018-2689-x*.

11. Millán- Lou MI, García- Lechuz JM, Ruíz- Andres MA, López C, Aldea MJ, Revillo MJ et al. Validation and Search of the Ideal Cut-Off of the Sysmex UF-1000i® Flow Cytometer for the Diagnosis of Urinary Tract Infection in a Tertiary Hospital in Spain. *Front. Med*. 2018. https://doi.org/10.3389/fmed.2018.00092

12. Kang C, Kim J, Park DW, Kim BN, Ha US, Lee SJ et al. Clinical Practice Guidelines for the Antibiotic Treatment of Community-Acquired Urinary Tract Infections. *Infect Chemother*. 2018;50(1):67-100.

13. Foxman B, Buxton M. Alternative Approaches to Conventional Treatment of Acute Uncomplicated Urinary Tract

Infection in Women. *Curr Infect Dis Rep*. 2013 Apr; 15(2): 124–129.

14. Fraile B, Alcover J, Royuela M, Rodríguez D, Chaves C, Palacios R. Xyloglucan, hibiscus and propolis for the prevention of urinary tract infections: results of in vitro studies. *Future Microbiol*. 2017;12:721-731.

15. Servi B, Ranzini F, Piqué N. Effect of Utipro® (containing gelatinxyloglucan) against Escherichia coli invasion of intestinal epithelial cells: results of an in vitro study. *Future Microbiol*. 2016.

16. Harkings JK. 2000. What´s the use of cranberry juice. *Age and Ageing*; 2000: 29; 9-12. doi: 10.1093/ageing/29.1.9.

17. Gausa L. *Urell: evidencia clínica. La verdadera utilidad clínica del extracto de arándano rojo americano*. Deiters, Barcelona. 2008

18. Hogan M.C, Courteau J [Internet]. "Vaccinium macrocarpon". 2017 [acceso 20-05-2018]. Disponible en: http://eol.org/pages/583674/overview.

19. De Sebastián J.I. Los frutos del bosque o pequeños frutos en la cornisa cantábrica: El arándano. Gobierno de Cantabria. Consejería de desarrollo rural, ganadería, pesca y biodiversidad, Santander. 2010.

20. UMass cranberry station/University of Massachusetts Amherst. 2018 [acesso 20-05-2018]. How Cranberries Grow. Disponible en: http://www.umass.edu/cranberry/cropinfo/howgrow.htmL

21. Ulbricht CE, Basch EM.. *Natural standard Herb & Supplement Reference: Evidence Based Clinical Reviews*. USA: Elsevier Mosby. 2005.

22. Ulbricht CE, Basch EM.. *Herb and supplement handbook: The clinical Bottom Line*. USA: Elsevier Mosby. 2005.

23. Lynch DM. 2004. Cranberry the prevention of Urinary Tract Infections. *Am Fam Phys* 10; 2175-7.

24. Siciliano AA. 1996. Cranberry. *Herbalgram* 38;51-3.

25. Hisano M, Bruschini H, Nicodemo AC, Srougi M. Cranberries and lower urinary tract infection prevention. *Clinics (Sao Paulo)*. 2012; 67(6): 661–667.

26. National Institutes of Health (NIH). Cranberry. Maryland. 2016. [acesso 2-05-2018]. Disponible en: http://nccam.nih.gov/health/cranberry-.

27. Blumenthal M, Lindstrom A, Ooyen C, Lynch ME. 2012. Herb supplement sales increase 4.5% in 2011. *HerbalGram*.; 95:60-64.

28. Hrastinger A, Dietz B, Bauer R, Sagraves R, Mahady G. Is there clinical evidence supporting the use of botanical dietary supplements in children?. *The journal of pediatry.* 2005; 146 (3): 311-317.

29. Jepson RG, Craig JC. A systematic review of the evidence for cranberries and blueberries in UTI prevention. *Molecular Nutrition and food reseach.* 2007. Doi: https://doi.org/10.1002/mnfr.200600275

30. Ledda A, Belcaro G, Dugall M, Riva A, Togni S, Eggenhoffner R et al. Highly standardized cranberry extract supplementation (Anthocran®) as prophylaxis in young healthy subjects with recurrent urinary tract infections. *Eur Rev Med Pharmacol Sci.* 2017;21(2):389-393.

31. Durham SH, Stamm PL, Eiland LS. Cranberry Products for the Prophylaxis of Urinary Tract Infections in Pediatric Patients. *Ann Pharmacother.* 2015;49(12):1349-56.

32. Caljouw MA, van den Hout WB, Putter H, Achterberg WP, Cools HJ, Gussekloo J. Effectiveness of cranberry capsules to prevent urinary tract infections in vulnerable older persons: a double-blind randomized placebo-controlled trial in long-term care facilities. *J Am Geriatr Soc.* 2014;62(1):103-10.

33. Bomser J, Madhavi DL, Singletary K, Smith MAL. In Vitro Anticancer Activity of Fruit Extracts from Vaccinium Species. Planta med. 1996; 62: 212-16.

34. Boshra S, Abdalla M. Cranberry extract as a supplemented food in treatment of oxidative stress and breast cancer induced by n-methyl-n-nitrosourea in female virgin rats. *Int. J. Phytomed.* 2016; 8 (2): 217–227.

35. Konowalchuk J, Speirs J. Antiviral Effect of Commercial Juices and Beverages. *Appl Environ Microbiol.* 1978; 35: 1219-20.

36. Wilson T., Porcari JP. Harbin D. Cranberry extracts inhibits low density lipoprotein oxidation. *Life Sci.* 1998; 62: 381-6.

37. Furhman B, Levy A, Aviram M. Consumption of red wine with meals reduces the susceptibility of human plasma and low-density lipoprotein to lipid peroxidation. *Am J Clin Nutr.* 1995;61(3):549-54.

38. Fuller CJ, Chandalia M, Garg A, Grundy SM, Jialal I. RRR-alpha-tocopheryl acetate supplementation at pharmacologic doses decreases low-density-lipoprotein oxidative susceptibility but not protein glycation in patients with diabetes mellitus. *Am J Clin Nutr.* 1996;63(5):753-9.

39. Novotny JA, Baer DJ, Khoo C, Gebauer SK, Charron CS. Cranberry Juice Consumption Lowers Markers of Cardiometabolic Risk, Including Blood Pressure and Circulating C-Reactive Protein, Triglyceride, and Glucose Concentrations in Adults. *The Journal of Nutrition*. 2015; 145 (6): 1185–1193.

40. Weiss EI., Shenitzki B., Leibusor R. Microbial coaggregation in the oral cavity. In: Kahane I, Ofek I eds. Toward anti Adhesion Therapy for Microbial Diseases. 1996. New York: Plenum Press.18.

41. Honorio HM, Boteon AP, Kato MT, Buzalaf MAR, Prakki A, Wang L et al. Effect of cranberry and proanthocyanidin in dentin erosion prevention. *Dentals materials*. 2016; 32 (1): 45.

42. Khairnar MR, Karibasappa GN, Dodamani AS, Prashanthkumar RGN, Manjiri AD. Comparative assessment of Cranberry and Chlorhexidine mouthwash on streptococcal colonization among dental students: A randomized parallel clinical trial. *Contemp Clin Dent*. 2015; 6(1): 35–39.

43. Gill S, Kaur A, Kapoor D, Goyal J, Duhan H. Cranberry polyphenols: Beneficial effects for prevention of periodontal disease and dental caries. *Saint Int Dent J* 2016; 2:38-41.

44. Cavanagh HMA, Hipwell M, Wilkinson JM. Antibacterial activity of berry fruits used for culinary purposes. Journal of Medicinal Food. 2003; 6:57–61.

45. Zafriri D et al. Inhibitory activity of cranberry juice on adherence of type 1 and type P fimbriated Escherichia coli to eucaryotic cells. Antimicrobial Agents Chemotherapy. 1898; 33:92–98.

46. Ofek I et al. Anti-Escherichia adhesin activity of cranberry and blueberry juices. New England Journal of Medicine. 1991; 324:1599.

47. Ahuja S, Kaack B, Roberts J. Loss of fimbrial adhesion with the addition of Vaccinum macrocarpon to the growth medium of P-fimbriated Escherichia coli. *Journal of Urology.*1998; 159:559–562.

48. Howell AB et al. Inhibition of the adherence of P-fimbriated Escherichia coli to uroepithelial cell surfaces by proanthocyanidin extracts from cranberries. New England Journal of Medicine. 1998; 339:1085–1086.

49. Foo LY et al. The structure of cranberry proanthocyanidins which inhibit adherence of uropathogenic P-fimbriated Escherichia coli in vitro. Phytochemistry. 2000; 54:173–181.

50. Howell AB, Foxman B. Cranberry juice and adhesion of antibiotic-resistant uropathogens. Journal of the American Medical Association. 2002; 287:3082–3083.

51. Burger O et al. A high molecular mass constituent of cranberry juice inhibits Helicobacter pylori adhesion to human gastric mucus. FEMS Immunology and Medical Microbiology. 2000; 29:295–301.

52. Habash MB et al. The effect of water, ascorbic acid, and cranberry derived supplementation on human urine and uropathogen adhesion to silicone rubber. Canadian Journal of Microbiology. 1999; 45:691–694.

53. Coddens A, Loos M, Vanrompay D, Remon JP, Cox E. Cranberry extract inhibits in vitro adhesion of F4 and F18+Escherichia coli to pig intestinal epithelium and reduces in vivo excretion of pigs orally challenged with F18+ verotoxigenic E. coli . *Vet Microbiol.* 2017; 202:64-71

54. Zheng W, Wang SY. Oxygen radical absorbing capacity of phenolics in blueberries, cranberries, chokeberries, and lingonberries. *Journal of Agricultural and Food Chemistry.* 2003; 51:502–509.

55. Yan X et al Antioxidant activities and antitumor screening of extracts from cranberry fruit (*Vaccinium*

macrocarpon). *Journal of Agricultural and Food Chemistry*. 2002; 50:5844–5849.

56. Youdim KA. Potential role of dietary flavonoids in reducing microvascular endothelium vulnerability to oxidative and inflammatory insults. *Journal of Nutritional Biochemistry*. 2002; 13:282–288.

57. Hussain F, Malik A, Ayyaz U, Shafique H, Rana Z, Hussain Z. Efficient hepatoprotective activity of cranberry extract against CCl4-induced hepatotoxicity in Wistar albino rat model: Down-regulation of liver enzymes and strong antioxidant activity. Asian Pac J Trop Med. 2017;10(11):1054-1058.

58. Epp A, Larochelle A. No. 250-Recurrent Urinary Tract Infection. *JOGC*. 2017; 39 (10): 422-e431.

59. Davidson E, Zimmermann BF, Jungfer E, Chrubasik-Hausmann S. Prevention of Urinary Tract Infections with Vaccinium Products. *Phytother. Res*. 2014; 28: 465–470.

60. Thiel I, Ardjomand-Woelkart K, Bornik MA, Klein T, Kompek A. Vaccinium macrocarpon (cranberry) reduces intake of antibiotics in the treatment of non-severe lower urinary tract infections: A drug monitoring study. *Planta Med* 2015; 81.

61. Nowack R. Cranberry juice – a well-characterized folk-remedy against bacterial urinary tract infection. Wiener Medizinische Wochenschrift. 2007; 157 (13-14): 325–330

62. Fu Z, Liska D, Talan D, Chung M. Cranberry Reduces the Risk of Urinary Tract Infection Recurrence in Otherwise Healthy Women: A Systematic Review and Meta-Analysis. The Journal of Nutrition. 2017; 147 (12): 2282–2288.

63. Huang YC, Chen PS, Tung TH. Effectiveness of Cranberry Ingesting for Prevention of Urinary Tract Infection: A Systematic Review and Meta-Analysis of Randomized Controlled Trials. Journal of Medical and Health Sciences, 2018.

64. Liska DJ, Kern HJ, Maki KC. Cranberries and Urinary Tract Infections: How Can the Same Evidence Lead to Conflicting Advice? *Advances in Nutrition*. 2016; 7 (3): 498–506.

65. Maki KC, Kaspar KL, Khoo C, Derrig LH, Schild AL, Gupta K. Consumption of a cranberry juice beverage lowered the number of clinical urinary tract infection episodes in women with a recent history of urinary tract infection. *Am J Clin Nutr*. 2016;103(6):1434–42. Available from: https://academic.oup.com/ajcn/article/103/6/1434/4569625

66. Vostalova J, Vidlar A, Simanek V, Ganlandakova A, Kosina P et al. Are High Proanthocyanidins Key to Cranberry

Efficacy in the Prevention of Recurrent Urinary .Tract Infection? 2015. *Phytother. Res.* 29: 1559–1567.

67. Occhipinti A, Germano A, Maffei ME. Prevention of Urinary Tract Infection with Oximacro, A Cranberry Extract with a High Content of A-Type Proanthocyanidins: A Pre-Clinical Double-Blind Controlled Study. *Urol J* [Internet]. 2016 [cited 2018 May 20];13(2):2640–9. Available from: http://www.ncbi.nlm.nih.gov/pubmed/27085566.

68. Sánchez Ballester F, Ruiz Vidal V, López Alcina E, Domenech Perez C, Escudero Fontano E, Oltra Benavent AM, et al. Cysticlean® a highly pac standardized content in the prevention of recurrent urinary tract infections: an observational, prospective cohort study. *BMC Urol* [Internet]. 2013 Dec 5 [cited 2018 May 20];13(1):28. Available from: http://bmcurol.biomedcentral.com/articles/10.1186/1471-2490-13-28.

69. Burleigh AE, Benck SM, McAchran SE, Reed JD, Krueger CG, Hopkins WJ. Consumption of sweetened, dried cranberries may reduce urinary tract infection incidence in susceptible women – a modified observational study. *Nutrition Journal.* 2013; 12:139.

70. Juthani-Mehta-Mehta M, Van Ness PH, Bianco L, Rink A, Rubeck S, Ginter S, et al. Effect of Cranberry Capsules on Bacteriuria Plus Pyuria Among Older Women in Nursing Homes: A Randomized Clinical Trial. JAMA [Internet]. 2016

Nov 8 [cited 2018 May 20];316(18):1879–87. Available from: http://jama.jamanetwork.com/article.aspx?doi=10.1001/jama.2016.16141-

71. Fernández-Puentes V, Uberos J, Rodríguez-Belmonte R, Nogueras-Ocaña M, Blanca-Jover E, Narbona-López E. Eficacia y perfil de seguridad del arándano americano en lactantes y niños con infección urinaria recurrente. *An Pediatría* [Internet]. 2015 Jun [cited 2018 May 20];82(6):397–403. Available from: http://linkinghub.elsevier.com/retrieve/pii/S1695403314004238

72. Vicariotto F. Effectiveness of an Association of a Cranberry Dry Extract, D-mannose, and the Two Microorganisms Lactobacillus plantarum LP01 and Lactobacillus paracasei LPC09 in Women Affected by Cystitis. *J Clin Gastroenterol* [Internet]. 2014 [cited 2018 May 20];48:S96–101. Available from: http://content.wkhealth.com/linkback/openurl?sid=WKPTLP:landingpage&an=00004836-201411001-00026

73. Singh I, Gautam LK, Kaur IR. Effect of oral cranberry extract (standardized proanthocyanidin-A) in patients with recurrent UTI by pathogenic E. coli : a randomized placebo-controlled clinical research study. *Int Urol Nephrol* [Internet]. 2016 Sep 17 [cited 2018 May 20];48(9):1379–86. Available from: http://link.springer.com/10.1007/s11255-016-1342-8.

74. Gupta V, Nag D, Garg P. Recurrent urinary tract infections in women: How promising is the use of probiotics? *Indian J Med Microbiol*. 2017;35(3):347-354.

FSC
www.fsc.org
MIX
Papier | Fördert gute Waldnutzung
FSC® C083411

Kolibri 360 GmbH
Ferdinand-Jühlke-Straße 7
99095 Erfurt, Deutschland
produktsicherheit@kolibri360.de

Druck:
CPI Druckdienstleistungen GmbH
im Auftrag der
Kolibri 360 GmbH
Ferdinand-Jühlke-Str. 7
99095 Erfurt